国家木薯产业技术体系 CARS-11-HNCYH

木薯园杂草识别与防控技术

陈银华　张　瑞　骆　凯　王红刚　等　编著

科学出版社

北　京

内 容 简 介

木薯是一种典型的热带植物,也是我国"一带一路"走出去的主要农作物之一。在生产上,木薯园杂草危害已成为影响木薯产业发展的重要制约因素。本书详细介绍了木薯园杂草的基本生物学、生态学特性,主要种类和识别的关键特性,以及常用防控技术等。

本书可作为高等农林院校植物保护及农学相关专业的参考书,也可作为杂草科技工作者和农业技术相关人员的工具书。

图书在版编目(CIP)数据

木薯园杂草识别与防控技术 / 陈银华等编著. —北京:科学出版社,2025.7
ISBN 978-7-03-077576-4

Ⅰ. ①木⋯ Ⅱ. ①陈⋯ Ⅲ. ①木薯–杂草–防治 Ⅳ. ① S451.22

中国国家版本馆 CIP 数据核字(2024)第 014728 号

责任编辑:陈 新 李 迪 刘晓静 郝晨扬 / 责任校对:郑金红
责任印制:肖 兴 / 封面设计:无极书装

科学出版社 出版

北京东黄城根北街16号
邮政编码:100717
http://www.sciencep.com

北京中科印刷有限公司印刷
科学出版社发行 各地新华书店经销

*

2025年7月第 一 版　开本:787×1092　1/16
2025年7月第一次印刷　印张:13
字数:308 000

定价:198.00元
(如有印装质量问题,我社负责调换)

编著者名单

主要编著者

陈银华　张　瑞　骆　凯　王红刚

其他编著者

宋记明　李开绵　温文龙　刘　柱　罗丽娟
曹　敏　郭长林　严　炜　吴金山　耿梦婷
牛晓磊　冯亚亭　高　豫　黄思源　张逸杰
唐　丽　张　洁　林洪鑫　欧文军　周　宾

前 言

木薯是世界三大薯类作物之一，素有"地下粮仓"、"淀粉之王"和"特用作物"之称，具有极高的综合利用价值，是食品、饲料、医药、化工等领域的重要原料。随着我国经济的发展和生物能源需求的快速增长，木薯作为我国燃料乙醇原料的非粮能源首选作物，已成为我国绿色能源发展战略的新焦点，种植面积和产业规模不断扩大。草害是影响木薯优质高产的主要因素之一。据调查，杂草一般可致木薯减产10%～20%，严重的可减产50%以上。杂草识别是实现精准防除的前提，但对种植企业和农户来说存在一定困难。因此，掌握木薯园常见杂草的主要识别特征和识别方法，对于广大农业生产者科学选用除草剂进行高效安全生产至关重要。

本书对木薯园杂草的基本生物学特性、识别特征、种类、防除方法等进行了收集整理，对木薯园杂草的识别特征加以描述，并配合图片进行直观介绍；通过参考资料、照片等形式给从业者以直观的认识，让从业者能快速认识田间杂草类型并采取针对性的防控措施，为木薯园杂草精准防除提供一定的理论基础，也为木薯安全优质高产奠定基础。

本书编写人员和分工：第1章由陈银华编写，第2章由张瑞、温文龙编写，第3章由骆凯编写，第4章由陈银华、骆凯、欧文军、周宾编写，第5章由陈银华、张瑞、骆凯、王红刚编写，第6章由刘柱、曹敏、吴金山编写，第7章由陈银华、耿梦婷编写，第8章由王红刚、张洁、冯亚亭编写。

本书的出版得到了科学出版社的大力支持和帮助，得到了国家木薯产业技术体系、教育部新农科研究与改革实践项目、世界一流学科建设、海南省教育教学改革项目等的资助，在此深表谢意。对本书所引用的参考文献作者，在此致以谢意，他们的研究结果丰富了本书的内容。

限于研究进展和作者的学术水平，书中恐有不足之处，敬请广大读者批评指正。

作 者
2024年3月

目录

第1章 杂草生物学 ... 1
1.1 杂草生物学多样性 ... 2
- 1.1.1 杂草形态结构的多样性 ... 2
- 1.1.2 杂草生活史的多样性 ... 2
- 1.1.3 杂草营养方式的多样性 ... 3
- 1.1.4 杂草繁殖方式的多样性 ... 3

1.2 杂草适应环境的能力 ... 4
- 1.2.1 抗逆性 ... 4
- 1.2.2 可塑性 ... 5
- 1.2.3 生长势 ... 5
- 1.2.4 杂合性 ... 5
- 1.2.5 拟态性 ... 5

第2章 杂草个体及种群生态学 ... 7
2.1 杂草的个体生态学 ... 8
- 2.1.1 种子休眠的生理生态 ... 8
- 2.1.2 种子萌发的生理生态 ... 9

2.2 杂草的种群生态学 ... 10
- 2.2.1 杂草种子库 ... 10
- 2.2.2 杂草种群动态 ... 13

2.3 杂草与作物之间的竞争 ... 13
- 2.3.1 竞争的定义 ... 13
- 2.3.2 杂草与作物间的资源竞争 ... 14
- 2.3.3 杂草竞争造成的作物产量损失模型 ... 14
- 2.3.4 影响杂草与作物间竞争的因素 ... 15

2.4 杂草化感作用 ... 16
- 2.4.1 化感作用定义 ... 16
- 2.4.2 化感作用及其来源 ... 17
- 2.4.3 化感作用的机理 ... 17
- 2.4.4 化感作用在杂草治理中的应用 ... 18

第3章 杂草群落生态学 ... 19
3.1 杂草群落与环境因子间的关系 ... 20
- 3.1.1 气候和海拔 ... 20
- 3.1.2 地形、地貌 ... 20
- 3.1.3 季节 ... 20
- 3.1.4 轮作和种植制度 ... 20
- 3.1.5 土壤类型 ... 21
- 3.1.6 土壤耕作 ... 21
- 3.1.7 土壤肥力 ... 22
- 3.1.8 土壤水分 ... 23
- 3.1.9 土壤酸碱度 ... 23

3.2 杂草群落的演替及顶极群落 ... 23
3.3 我国农田杂草发生分布规律 ... 24
3.4 我国农田杂草群落的发生分布规律 ... 29
- 3.4.1 农业措施导致的杂草发生规律 ... 29
- 3.4.2 地理区域、海拔和地貌导致的杂草发生规律 ... 29
- 3.4.3 中国农田杂草区系和杂草植被分区 ... 30

第4章 杂草分类 ... 33
4.1 按形态学分类 ... 34
4.2 按生物学特性分类 ... 34
4.3 按植物系统学分类 ... 35

4.4	按生境的生态学分类	35
4.5	按生态型分类	36

第5章 木薯园常见杂草识别与防治 37

5.1 菊科（Asteraceae）......38
- 5.1.1 三叶鬼针草......38
- 5.1.2 飞机草......39
- 5.1.3 假臭草......40
- 5.1.4 藿香蓟......41
- 5.1.5 小蓬草......42
- 5.1.6 苏门白酒草......43
- 5.1.7 白花地胆草......44
- 5.1.8 败酱叶菊芹......45
- 5.1.9 苦苣菜......46
- 5.1.10 蟛蜞菊......47
- 5.1.11 鼠麴草......48
- 5.1.12 微甘菊......49
- 5.1.13 五月艾......50
- 5.1.14 地胆草......51
- 5.1.15 鳢肠......51
- 5.1.16 黄鹌菜......52
- 5.1.17 蓟......53
- 5.1.18 金纽扣......54
- 5.1.19 金腰箭......55
- 5.1.20 香丝草......55
- 5.1.21 熊耳草......56
- 5.1.22 野苦荬......56
- 5.1.23 野茼蒿......57
- 5.1.24 夜香牛......58
- 5.1.25 一点红......59
- 5.1.26 银胶菊......60
- 5.1.27 羽芒菊......61

5.2 禾本科（Poaceae）......62
- 5.2.1 牛筋草......62
- 5.2.2 马唐......63
- 5.2.3 白茅......64
- 5.2.4 丝茅......65
- 5.2.5 狗牙根......66
- 5.2.6 雀稗......67
- 5.2.7 双穗雀稗......68
- 5.2.8 巴拉草......69
- 5.2.9 臂形草......69
- 5.2.10 珊状臂形草......69
- 5.2.11 稗......70
- 5.2.12 棒头草......71
- 5.2.13 看麦娘......72
- 5.2.14 狼尾草......73
- 5.2.15 筒轴茅......74
- 5.2.16 三芒草......75
- 5.2.17 石茅......75
- 5.2.18 酸模芒......76
- 5.2.19 台湾虎尾草......76
- 5.2.20 虎尾草......77
- 5.2.21 光头稗......78
- 5.2.22 旱稗......79
- 5.2.23 画眉草......80
- 5.2.24 蒺藜草......81
- 5.2.25 假俭草......82
- 5.2.26 金色狗尾草......82
- 5.2.27 大黍......83
- 5.2.28 淡竹叶......84
- 5.2.29 地毯草......84
- 5.2.30 红毛草......85
- 5.2.31 钩毛草......86
- 5.2.32 千金子......87
- 5.2.33 莨草......87
- 5.2.34 象草......88
- 5.2.35 莠狗尾草......88
- 5.2.36 圆果雀稗......89
- 5.2.37 止血马唐......90
- 5.2.38 竹节草......91

5.3 大戟科（Euphorbiaceae）......92
- 5.3.1 千根草......92
- 5.3.2 白苞猩猩草......93
- 5.3.3 白背叶......94
- 5.3.4 热带铁苋菜......94
- 5.3.5 铁苋菜......95
- 5.3.6 飞扬草......96
- 5.3.7 叶下珠......97

- 5.4 莎草科（Cyperaceae）··········98
  - 5.4.1 香附子··········98
  - 5.4.2 扁穗莎草··········99
  - 5.4.3 碎米莎草··········100
  - 5.4.4 短叶水蜈蚣··········101
  - 5.4.5 扁秆藨草··········102
  - 5.4.6 水虱草··········102
  - 5.4.7 红鳞扁莎··········103
  - 5.4.8 茳芏··········104
  - 5.4.9 异型莎草··········105
- 5.5 茜草科（Rubiaceae）··········106
  - 5.5.1 阔叶丰花草··········106
  - 5.5.2 墨苜蓿··········107
  - 5.5.3 白花蛇舌草··········108
  - 5.5.4 拉拉藤··········109
  - 5.5.5 伞房花耳草··········110
  - 5.5.6 鸡矢藤··········111
- 5.6 豆科（Leguminosae）··········111
  - 5.6.1 巴西含羞草··········111
  - 5.6.2 无刺含羞草··········113
  - 5.6.3 三点金··········114
  - 5.6.4 三尖叶猪屎豆··········115
  - 5.6.5 含羞草决明··········115
  - 5.6.6 田菁··········116
  - 5.6.7 合萌··········117
  - 5.6.8 光萼猪屎豆··········118
  - 5.6.9 光荚含羞草··········119
  - 5.6.10 决明··········120
  - 5.6.11 距瓣豆··········120
  - 5.6.12 九叶木蓝··········121
  - 5.6.13 狭叶猪屎豆··········122
  - 5.6.14 含羞草··········123
  - 5.6.15 紫花大翼豆··········124
- 5.7 苋科（Amaranthaceae）··········125
  - 5.7.1 喜旱莲子草··········125
  - 5.7.2 皱果苋··········126
  - 5.7.3 凹头苋··········127
  - 5.7.4 土牛膝··········128
  - 5.7.5 青葙··········129
  - 5.7.6 刺花莲子草··········130
- 5.7.7 刺苋··········131
- 5.7.8 苋··········132
- 5.7.9 银花苋··········133
- 5.8 茄科（Solanaceae）··········134
  - 5.8.1 少花龙葵··········134
  - 5.8.2 黄果茄··········135
  - 5.8.3 小酸浆··········136
- 5.9 锦葵科（Malvaceae）··········137
  - 5.9.1 赛葵··········137
  - 5.9.2 白背黄花稔··········138
  - 5.9.3 苘麻··········139
  - 5.9.4 地桃花··········140
  - 5.9.5 黄花稔··········141
- 5.10 酢浆草科（Oxalidaceae）··········142
  - 5.10.1 酢浆草··········142
  - 5.10.2 红花酢浆草··········143
- 5.11 唇形科（Lamiaceae）··········144
  - 5.11.1 薄荷··········144
  - 5.11.2 吊球草··········145
  - 5.11.3 四棱草··········145
  - 5.11.4 京黄芩··········146
  - 5.11.5 绉面草··········146
- 5.12 胡椒科（Piperaceae）··········147
  - 5.12.1 蒌叶··········147
- 5.13 车前科（Plantaginaceae）··········148
  - 5.13.1 车前··········148
- 5.14 蓼科（Polygonaceae）··········149
  - 5.14.1 辣蓼··········149
  - 5.14.2 火炭母··········150
- 5.15 藜科（Chenopodiaceae）··········150
  - 5.15.1 藜··········150
  - 5.15.2 土荆芥··········151
  - 5.15.3 灰绿藜··········152
- 5.16 马齿苋科（Portulacaceae）··········152
  - 5.16.1 棱轴土人参··········152
  - 5.16.2 大花马齿苋··········153
- 5.17 十字花科（Brassicaceae）··········154
  - 5.17.1 荠菜··········154
- 5.18 旋花科（Convolvulaceae）··········155
  - 5.18.1 牵牛··········155

  5.18.2 三裂叶薯 …………………… 156
  5.18.3 五爪金龙 …………………… 157
  5.18.4 田旋花 ………………………… 158
  5.18.5 打碗花 ………………………… 158
  5.18.6 鱼黄草 ………………………… 159
  5.18.7 圆叶牵牛 …………………… 160
  5.18.8 月光花 ………………………… 161
  5.18.9 掌叶鱼黄草 ………………… 161
 5.19 梧桐科（Sterculiaceae）………… 162
  5.19.1 蛇婆子 ………………………… 162
 5.20 爵床科（Acanthaceae）…………… 162
  5.20.1 十万错 ………………………… 162
  5.20.2 小驳骨 ………………………… 163
 5.21 薯蓣科（Dioscoreaceae）………… 164
  5.21.1 薯蓣 …………………………… 164
 5.22 鸭跖草科（Commelinaceae）…… 164
  5.22.1 水竹叶 ………………………… 164
  5.22.2 鸭跖草 ………………………… 165
 5.23 凤尾蕨科（Pteridaceae）………… 166
  5.23.1 蜈蚣草 ………………………… 166
 5.24 荨麻科（Urticaceae）……………… 167
  5.24.1 雾水葛 ………………………… 167
  5.24.2 苎麻 …………………………… 168
 5.25 山柑科（Capparaceae）…………… 169
  5.25.1 黄花草 ………………………… 169
  5.25.2 皱子白花菜 ………………… 170
 5.26 海金沙科（Lygodiaceae）………… 171
  5.26.1 海金沙 ………………………… 171
 5.27 紫茉莉科（Nyctaginaceae）……… 172
  5.27.1 黄细心 ………………………… 172
 5.28 伞形科（Umbelliferae）…………… 173
  5.28.1 积雪草 ………………………… 173
  5.28.2 刺芹 …………………………… 173
 5.29 蒺藜科（Zygophyllaceae）………… 174
  5.29.1 蒺藜 …………………………… 174
 5.30 马鞭草科（Verbenaceae）………… 174
  5.30.1 假马鞭 ………………………… 174
  5.30.2 大青 …………………………… 176
 5.31 木贼科（Equisetaceae）…………… 176
  5.31.1 节节草 ………………………… 176
 5.32 椴树科（Tiliaceae）………………… 177
  5.32.1 刺蒴麻 ………………………… 177
 5.33 野牡丹科（Melastomataceae）…… 177
  5.33.1 地菍 …………………………… 177
 5.34 玄参科（Scrophulariaceae）……… 178
  5.34.1 毛麝香 ………………………… 178
  5.34.2 野甘草 ………………………… 179

第6章 恶性杂草 …………………………… 181
 6.1 世界恶性杂草 ………………………… 182
 6.2 中国农田恶性杂草 …………………… 183
 6.3 木薯园恶性杂草 ……………………… 184

第7章 杂草危害 …………………………… 185
 7.1 影响作物产量与品质 ………………… 186
 7.2 传播病虫害 …………………………… 186
 7.3 增加管理和生产成本 ………………… 187
 7.4 直接危害人畜安全 …………………… 187

第8章 杂草防控技术 ……………………… 189
 8.1 化学除草 ……………………………… 190
 8.2 物理除草 ……………………………… 191
  8.2.1 火力除草 ……………………… 191
  8.2.2 电力和微波除草 ……………… 191
  8.2.3 薄膜覆盖抑草 ………………… 192
 8.3 生物除草 ……………………………… 193
 8.4 综合防治 ……………………………… 193
  8.4.1 增强作物群体生长势 ………… 194
  8.4.2 减少萌发层杂草繁殖器官
      有效储量 ………………………… 194
  8.4.3 减少杂草群体密度 …………… 195

参考文献 …………………………………… 197

第 1 章
杂草生物学

杂草伴随着人类的出现而产生,并且随着农业的发展而日益壮大,具有不断同作物进行竞争的能力,而且相对于作物,杂草更能忍受复杂多变或较为不良的环境条件。杂草与作物长期共生并且相互影响,导致其自身生物学特性上的变异,加之漫长的自然选择,形成了杂草多种多样的生物学特性。所谓杂草的生物学特性,是指杂草对人类生产和生活活动所致的环境条件(人工环境)长期适应,形成的具有不断延续能力的表现。因此,了解杂草的生物学特性及其规律,有助于了解杂草延续过程中的薄弱环节,对后续制定科学合理的治理策略和探索防除技术有重要的理论与实践意义。

1.1 杂草生物学多样性

1.1.1 杂草形态结构的多样性

在人为和自然的选择压力下,杂草形成了多种多样的形态结构以适应不同的环境,主要表现在下述几个方面。

(1) 杂草个体大小变化很大

不同种类的杂草个体大小差异显著,株高较高的个体可达2m以上,如石茅(*Sorghum halepense*)、芦苇(*Phragmites australis*)等,中等个体有约1m的梵天花(*Urena procumbens*)等,较矮的个体可能仅有几厘米,如鸡眼草(*Kummerowia striata*)、矮象草(*Pennisetum purpereum*)等。就主要农作物田间杂草而言,大部分杂草的株高范围主要集中在几十厘米。另外,同种杂草在不同生境下,个体大小变化较大。例如,在空间空旷、土壤肥沃、水湿光照条件较好的田地上生长,狗牙根(*Cynodon dactylon*)植株的高度可在12cm以上;相反,生长在贫瘠干燥的原生裸地上的狗牙根,其高度可能仅在8cm以下。又如,漆姑草(*Sagina japonica*)生长在具稀薄阳光和湿度较好的半裸地带,其体较高,枝叶舒展,但分布在草坪植物丛或砖石缝隙中,会因常受到人们的践踏而表现为矮小、节间短、叶片小,甚至开花习性也明显不同。

(2) 根茎叶形态特征变化多

生长在阳光充足地带的杂草,如马齿苋(*Portulaca oleracea*)、铁苋菜(*Acalypha australis*)、土荆芥(*Dysphania ambrosioides*)、牛繁缕(*Malachium aquaticum*)等的茎秆粗壮、叶片厚实、根系发达,同时耐旱、耐热能力较强。相反,生长在阴湿地带的杂草,即使是上述同种杂草,其性状也会表现为茎秆纤细、叶片宽而薄、根系不发达。当生境互换时,后者的适应性明显较弱。

(3) 组织结构随生态环境改变而不同

生长在水湿环境中的杂草,如水生杂草萤蔺(*Scirpus juncoides*)、喜旱莲子草(*Alternanthera philoxeroides*)等通气组织发达,而薄壁组织、机械组织较薄;反之,生长在陆地低湿地带的杂草,如狗尾草(*Setaria viridis*)、牛筋草(*Eleusine indica*)等通气组织不发达,但是机械组织、薄壁组织都很发达。某些同类杂草如鳢肠(*Eclipta prostrata*)等在不同生境条件下组织结构可能也不尽相同,如生活在水湿环境中,其茎中通气组织发达、茎秆中空,而生长在干旱环境下的则茎秆多数实心、薄壁组织发达、细胞含水量较高。

1.1.2 杂草生活史的多样性

一般,早发生的杂草生育期较长,晚发生的较短,但是同类杂草的成熟期基本相同。根据杂草当年开花、一次结实成熟,隔年开花、一次结实成熟和多年多次开花结实成熟的习性,可将杂草的生活史(life history)分为一年生(annual)、二年生(biennial)、多年生(perennial)。

根据一年生杂草在一年中完成从种子萌发到产生种子直至死亡的生活史全过程中生活季节的不同,可将杂草分为春季一年生杂草和夏季一年生杂草。春季一年生杂草是指在春季萌发,经低温春化,初夏开花结实并形成种子,如繁缕(*Stellaria media*)、阿拉伯婆婆纳(*Veronica persica*)等。夏季一年生杂草是指在夏初杂草种子发芽,不必低温春化,生长发育时经过夏季高温,当年秋季产生种子并成熟越冬,如藜(*Chenopodium album*)、稗(*Echinochloa crusgalli*)、马唐(*Digitaria sanguinalis*)、苋(*Amaranthus tricolor*)等。

一般来说，春播作物的栽培对上年秋季萌发的杂草有破坏性，而秋播作物的栽培相对于来年春季萌发的杂草有竞争优势。

二年生杂草是指需度过两个完整的夏季才能完成其生育周期，一般寿命超过一年但不超过两年的杂草。例如，野胡萝卜（*Daucus carota*）第一年秋季杂草萌发生长，产生莲座叶丛，耐寒能力强，第二年抽茎、开花、结籽、死亡。这类杂草主要分布于温带，其莲座叶丛期对除草剂敏感，易防除。

多年生杂草可存活两年以上。这类杂草不但能结籽传代，而且能凭借地下变态器官的生长来繁衍生殖。一般春夏发芽生长，夏秋开花结实，秋冬地上部枯死，但地下部不死，翌年春季从地下营养器官又长出新株。多年生杂草可分为两类：简单多年生（simple perennial）杂草，如蒲公英（*Taraxacum mongolicum*）、酸模（*Rumex acetosa*）、车前草（*Plantago asiatica*）等，可借种子繁殖，也可凭借地下宿根营养繁殖；匍匐多年生（creeping perennial）杂草，可以借球茎、匍匐基或根状茎等进行繁殖。匍匐多年生杂草很难控制，当其地上部枯死后，土壤中的无性繁殖器官可再次占据地面繁衍滋生。这类杂草的幼苗在最初生长的6~8周易受栽培措施或适当的除草剂控制，随生长期的延长，其抗性和生存能力增强。因此，在早期就开始防治这类杂草是一项控制其繁衍和危害的重要措施。

但是，同一种类型的杂草发生在不同地域时可能会改变其生活史。例如，多年生的蓖麻（*Ricinus communis*）发生于北方，则变为一年生杂草；当年生或二年生的野塘蒿（*Conyza bonariensis*）被不断抑制后，即变为多年生杂草；草坪上的红尾翎（*Digitaria radicosa*）是一年生杂草，不断对其进行修剪亦可使其变为多年生。这也反映出杂草本身不断繁衍持续的特性。

1.1.3　杂草营养方式的多样性

杂草具有多种营养方式。绝大多数杂草是光合自养的，但亦有不少杂草属于寄生性的，寄生性杂草分为全寄生和半寄生两类。寄生性杂草是指不能进行或不能独立进行光合作用，制造养分，必须寄生在其他植物上吸收寄主的养分而生活的杂草。例如，菟丝子类是大豆、洋葱等植物的全寄生性杂草，列当（*Orobanche coerulescens*）为一年生寄生性杂草，主要寄生和为害瓜类、向日葵等作物；无根藤（*Cassytha filiformis*）是樟科木本植物等的半寄生性杂草。半寄生性杂草如桑寄生（*Taxillus sutchuenensis*）和槲寄生（*Viscum coloratum*）等，寄生于桑等木本植物的茎上，依赖寄主提供水和无机盐的同时，其自身也可以进行光合作用。有些寄生性杂草在生长一定阶段后如果仍不能顺利寄生于寄主，则可以通过"自主寄生"和"反寄生"来维持一定时间的生长，直至自身营养耗尽而死亡，如百蕊草（*Thesium chinense*）为半寄生杂草，具有根和吸器，有寄生和自生两种生活方式，当没有寄主存在时能独立生活。

1.1.4　杂草繁殖方式的多样性

杂草的繁殖方式多种多样，主要可以分为两种：营养繁殖和种子繁殖。营养繁殖是指杂草以其营养器官，包括根、茎、叶或其一部分组织细胞，进行传播、繁衍滋生的方式。例如，马唐等的匍匐枝、蒲公英（*Taraxacum mongolicum*）的根、香附子（*Cyperus rotundus*）等的球茎、刺儿菜（*Cirsium arvense* var. *integrifolium*）等的地下"生殖茎"、狗牙根等的根状基都能产生大量的芽，并长成新的植株个体。喜旱莲子草可通过匍匐茎、根状茎和纺锤根等3种营养繁殖方式进行繁衍。杂草的营养繁殖特性

使杂草可以稳定遗传亲代或母体的某些特性，如较强的生长势、抗逆性、适应性等。具这种特性的杂草给田间防治带来极大的困难。迄今为止，还没有一种简单有效的方法来控制和防治这类顽固杂草。

杂草的有性生殖是指杂草经一定时期的营养生长后，经花芽分化，进入生殖生长，产生种子（或果实）传播繁殖后代的方式。有性生殖是杂草最为普遍常见的一种生殖方式，在有性生殖过程中，杂草一般既可异花授粉，也能够自花授粉，且对传粉媒介要求不严格，虫媒、风媒、水媒或通过人类及动物均可传播，经由以上途径花粉均可以从一朵花传到另一朵花或从一株传到另一株上。多数杂草具有远缘亲和性和自交亲和性，如旱雀麦（*Bromus tectorum*）和紫羊茅（*Festuca rubra*）等自交或者异交均可正常开花结实，而栽培泽兰（*Eupatorium japonicum*）则自交败育。异花传粉受精有利于杂草种群的种质创新，形成新的个体。自花授粉受精可保证杂草在独处时仍能正常受精结实、繁衍传播，具有这种生殖特性的杂草其后代变异性强、遗传背景复杂。杂草的多型性、多样性、多态性，正是导致化学药剂难以长期稳定有效控制杂草的罪魁祸首。

火柴头（*Commelina bengalensis*）常分布于较湿润的山坡、农庄、田埂附近，大豆、玉米、瓜类、茄果类等作物的田间，其繁殖方式可分为营养繁殖、地表单性结实、地下单性结实和有性生殖等。

（1）营养繁殖

营养繁殖的种子发芽后进入营养生长期，植株不断形成匍匐茎，其节上产生若干不定根及数条分枝或直立茎。这种繁殖方式，一粒种子可萌发形成较大的株丛，如果植株遭受人为或自然损害，则各相对独立的分枝仍可存活生长，并迅速扩散繁殖、生长成丛。

（2）地表单性结实

营养生长至一定阶段后，主茎基部1～5节上的侧芽萌发活动，突破叶鞘发生向地生长，形成生殖枝，节间较短，节上叶仅含有叶鞘，因为没有不定根而与一般植物的根状茎或匍匐基不同。地下生殖枝不含色素，若土层干结，向地性生长的生殖枝则难以入土，顶芽和侧芽则在近地面发育成可育的花序，其雄蕊退化，正常开花结实，产生成熟的种子。

（3）地下单性结实

例如，火柴头近地面芽形成的生殖枝入土后，在地表下3～5cm土层中穿行，长度可达6～15cm，节上没有不定根生成，地下生殖枝上的顶芽和侧芽发生花芽分化，其雄蕊退化，在地下开花结实，形成可育种子。将地下和地上生殖枝形成的种子进行比较后可以发现，其在形态、大小、色泽上没有显著差异。无论在沙培还是在水培的条件下，地上、地下生殖形成的两类种子，均能正常萌发生长、开花结实，且遗传表现相同。

（4）有性生殖

植株经一定时期的营养生长后，进入生殖生长，分化形成花序或花芽，开花后可进行异花传粉以受精结实，亦可闭花（自花）传粉受精结实，种子发芽率较高。

1.2 杂草适应环境的能力

1.2.1 抗逆性

杂草通常具有强的生态适应性和抗逆性（stress resistance），对盐碱、人工干扰、旱涝、极端高低温等不良条件具有很强的耐受能力。有些杂草如繁缕（*Stellaria media*）和反枝苋（*Amaranthus retroflexus*）等个体小、生长繁殖快、生命周期短、群体不稳定、一年一更新、结实率高。有些杂草如田旋花（Convolvulus arvensis）和芦苇等多年生杂草个体大、竞争力强、生命周期长，在一个生命周期内可多次重复生殖，群体饱和稳定。另外，有部分杂草如藜、眼子菜（Potamogeton distinctus）等都有不同程度耐盐碱的能力。再如，马唐在干旱和湿润土壤中都能良好地生长。C_4类杂草植物体内的淀粉主要储存在维管束周围，所以在一定程度上避免了食草动物的啃食。目前，在我国南方地区危害非常严重的外来杂草有假臭草（Praxelis clematidea）、喜旱莲子草、水葫芦（Eichhornia crassipes）、飞机草（Eupatorium odoratum）、马缨丹（Lantana camara）、五爪金龙（Ipomoea cairica）、薇甘菊（Mikania micrantha）等。

1.2.2 可塑性

经过对自然环境常年地适应及不断地进化，植物在不同生境下能够调节其个体大小、数量和生长量的能力被称为可塑性（plasticity）。可塑性使得杂草能够在多样的人工环境条件下，如在低密度条件下能通过提高其个体结实量来满足种子的需求量；或在极端不利的环境条件下，通过缩小个体来减少干物质的消耗，保证种子的形成，延续其后代。例如，香附子植株矮的只有20cm，较高植株则可达95cm，植株越高种子量也对应增加。当土壤中杂草种子量很大时，会大大降低其发芽率，杂草可通过及时缩小群体来避免个体死亡率的增加。

1.2.3 生长势

杂草中的C_4植物比例明显较高，全世界18种恶性杂草中，C_4植物有14种，占78%。在全世界16种主要作物中，只有玉米、谷子、高粱等是C_4植物，种类占比不到20%。C_4植物因为能较为高效地利用光能、CO_2和光补偿点低、饱和点高，蒸腾系数低，但净光合速率高，能够充分利用光能、CO_2和水生产有机物，所以，杂草的竞争力要比作物更强，常常导致C_3作物田中C_4杂草繁衍过剩，如稻田中的稗（Echinochloa crusgalli）、碎米莎草（Cyperus iria），花生田中的马唐、狗尾草、反枝苋、马齿苋、香附子等。还有许多杂草能通过地下根茎的变态器官避开逆境，繁衍扩散，当其地上部分受伤或地下部分被切断后，还能迅速恢复生长、传播繁衍。例如，喜旱莲子草具有大量的匍匐茎，茎上每个节均可产生不定根和营养枝，可通过无性繁殖形成大量无性系株丛，扩大生长空间。喜旱莲子草适应性强，在水田、湿地、旱地中均可生长，能耐寒、耐旱、耐贫瘠、耐高温，深埋在地下的根部能经年不腐，一节匍匐茎或0.2cm的肉质根仍可繁殖，甚至牲畜未消化完全的茎段还能重新发芽。

1.2.4 杂合性

由于杂草群落的混杂性、种内异花授粉、基因重组、基因突变和染色体数目的变异性，一般杂草基因型都具有杂合性（heterozygosity），这也是保证各类杂草具有较强适应性的重要因素。杂合性的存在增加了杂草变异的概率，从而大大增强了抗逆性，特别是在遭遇恶劣自然环境条件如低温、旱、涝，或人工使用除草剂治理杂草时，可以避免整个种群的覆灭，保证种群的延续。

1.2.5 拟态性

稗与水稻伴生、野燕麦或看麦娘（Alopecurus aequalis）与麦类作物伴生、亚麻荠（Camelina sativa）与亚麻伴生、狗尾草与谷子伴生等，这是因为它们在形态、生长发育规律，以及对生态因子的需求等方面都颇为相似，所以很难将这些杂草从其伴生作物中分开或清除。杂草的这种特性被称为对作物的拟态性（mimicry），这些杂草也被称为伴生杂草。它们给除草，特别是人工除草带来了极大的困难。例如，狗尾草经常混杂在谷子中，一起播种、管理和收获，在脱皮后的小麦中仍可找到许多狗尾草的籽实。此外，杂草的拟态性还可以经与作物杂交后形成多倍体等方式使杂草更具多态性。

第2章 杂草个体及种群生态学

杂草生态学（weed ecology）是研究杂草与其环境之间关系的一门学科。主要揭示杂草的群体消长，杂草与杂草、杂草与作物及其他环境因子等的内在规律。

2.1 杂草的个体生态学

2.1.1 种子休眠的生理生态

在杂草中，只有少数几种的籽实在成熟脱落后不久即可萌发出苗，大多数种类的种子甚至营养繁殖器官在萌发前都要经历一段时间的休眠。休眠是指有活力的籽实及地下营养繁殖器官暂时处于停止萌动和生长的状态。休眠可以保证种子在一年中的固定时期萌发出苗，如遇不利生态因素，还可以使籽实推迟数年，等到条件合适再萌发，从而确保种群繁衍。杂草籽实的休眠受内外两方面因素的影响。

休眠的内因主要有如下三种：①在种子、腋芽或不定芽中含有生长调节剂和其他化学物质。例如，野燕麦（*Avena fatua*）稃片中存在脱落酸可以使种子处于休眠，还有些杂草种子中含有脱落酸等。②果皮或种皮太厚，不透水、不透气或机械强度很高。例如，牵牛（*Pharbitis nil*）、菟丝子（*Cuscuta chinensis*）和野豌豆（*Vicia sepium*）杂草的种子种皮透性差。而荠菜（*Capsella bursa-pastoris*）、独行菜（*Lepidium apetalum*）的种子的胚被坚韧种皮包裹，这会妨碍种子的萌发。③胚尚未发育完全。有些杂草的种子虽然成熟，但其胚仍需在种子中经过一段时间的生长和发育，才能长成成熟的胚，如萝、菌草属和石竹科（Caryophyllaceae）的许多杂草都具有这种特性。上述因素导致的休眠都是由杂草本身所固有的生理学特性决定的，故也被称为初生休眠（primary dormancy）。

与之相对的还有外界环境因素诱导产生的休眠，也被称作诱导休眠（induced dormancy）或强迫休眠（enforced dormancy）。这种现象大多是由不良环境条件如高温、低温、干、旱、涝、除草剂、缺少光照等因素引起的，使已经解除主动休眠可以正常萌发的种子重新进入休眠状态，如在高温条件下的豆科杂草，以及在低温条件下的夏秋性杂草都会进入强迫休眠状态。豆科杂草的种子在干旱条件下会大量失水，导致种皮干瘪皱缩，不透性增加，诱发休眠。鳢肠（*Eclipta prostrata*）的籽实处于黑暗条件下，能够保持休眠。在自然状况下，内因或外因之间，以及各个内外因素之间常会相互作用以决定杂草繁殖体的休眠（图2-1）。

不过，无论是由内因造成的初生休眠还是由外因导致的诱导休眠，都可以通过改变其环境条件或其他方法而打破。例如，将野燕麦籽实上所带的含有萌发抑制物质的稃片去除后，种子就会萌发。在自然界中，也可

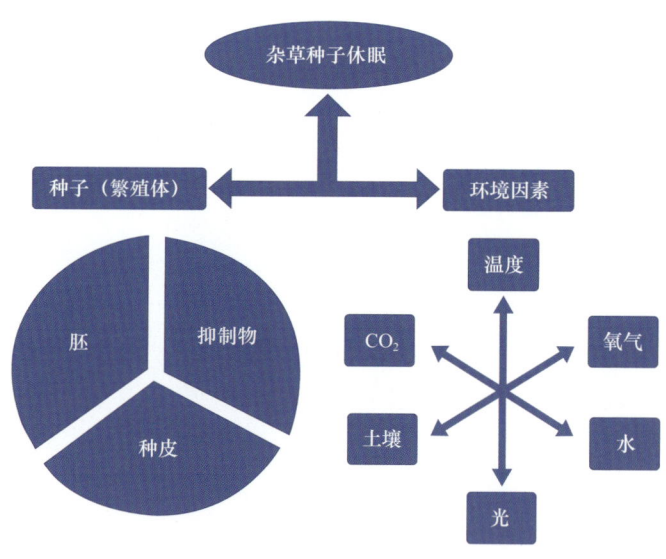

图2-1 种子和环境因素及其相互作用决定了杂草种子的休眠

修改自Lanmont和Pausas（2023）

以通过雨淋作用将籽实中存在的萌发抑制物质缓慢清除。果皮或种皮坚硬不透的种子，可以通过机械作用或其他物理方法解除，如用针、刀划破种皮或用砂纸进行打磨。苍耳（*Xanthium strumarium*）果实的顶端被切除后，很快就可以发芽。另外，某些化学刺激剂也被用来打破杂草种子的休眠，如硫酸可以被用来消除菟丝子等杂草种子的种皮机械障碍，促使其萌发；再如硝酸钾可以刺激大狗尾草（*Setaria faberi*）、苘麻（*Abutilon theophrasti*）及苋属（*Amaranthus*）杂草籽实的萌发；对三叶草（shamrock）种子可用极低浓度的乙烯解除休眠。另外，沙藏和低温也可以促进那些胚未成熟的杂草籽实的胚胎成熟过程。

2.1.2 种子萌发的生理生态

萌发（germination）是指杂草种子的胚由休眠转变为生理生化代谢活跃、胚胎体积增大并开始生长成为幼苗的过程。萌发需要适宜的环境条件，不同的杂草所要求的生长环境也不尽相同，但均要求较为充足的水和O_2，对O_2的需求指标主要取决于O_2和CO_2两者的比例。例如，大穗看麦娘（*Alopecurus myosuroides*）的籽实在低氧或过高氧分下，发芽率都不高，在O_2含量达到20.9%时发芽率最高；阿拉伯婆婆纳（*Veronica persica*）最适宜的O_2含量是15%（表2-1）。O_2含量与土壤深度成反比，这种对不同氧分压的要求，可以保证不同种杂草籽实在不同土壤深度正常萌发出苗。

自然界中杂草种子的萌发具有周期性节律，其发芽盛期和生长最适时期通常在同一时期发生。这就可以保证种子在最适宜生长的条件下萌发，以减免自然灾害的危害，使得杂草的萌发、幼苗定植、生长发育、产生种子都能发生在最适宜的时期。例如，看麦娘、野燕麦有秋冬和春季两个萌发盛期，荠菜、繁缕（*Stellaria media*）、早熟禾（*Poa*

表2-1 氧气含量对杂草种子萌发率的影响

氧气含量/%	种子萌发率/%	
	大穗看麦娘	阿拉伯婆婆纳
2.5	40	20
5	58	77
10	70	88
15	76	98
20.9	82	92

annua）等一年均可萌发，但有春秋两个高峰，龙葵（*Solanum nigrum*）仅在夏季萌发，萹蓄（*Polygonum aviculare*）仅在春秋萌发等。萌发过程受促进萌芽的赤霉素类、抑制萌芽的脱落酸和抗内生抑制剂的细胞分裂素3类生长调节物质的影响。萌发依赖于这些物质间的平衡。杂草种子萌发需要适宜的温度，低于其下限温度或高于其上限温度，种子都不会萌发，在这个范围中有一个最适温度（表2-2）。

表2-2 主要农田杂草萌发所需的温度（单位：℃）

杂草名	温度范围	最适温度
稗	10～32	28
野燕麦	10～35	15～20
牛筋草	10～40	30～35
泽漆	2～35	10～18
早熟禾	10～35	20～30
猪殃殃	5～25	10～20
假臭草	15～45	25
三叶鬼针草	10～40	20～30
香附子（块茎）	15～30	15
马齿苋	17～43	30～40
藿香蓟	10～30	20
反枝苋	12～40	20～35

只有在杂草籽实吸水膨胀，种子细胞中的细胞质转变为溶胶状态后，种子才会开始活跃的生理生化代谢活动，当种子含水量高于14%时萌发才可以正常进行。通常当土壤湿度达到田间持水量的40%～100%时，杂

草种子才可以萌发。杂草籽实越大，要求的湿度一般也越高。旱地杂草萌发所要求的土壤湿度要显著低于水生或湿生杂草。然而在水分过高的条件下，某些杂草种子可能会缺氧腐烂死亡。

有些杂草籽实需要充足的光照才能顺利萌发，如稗草、水莎草（*Cyperus serotinus*）、异型莎草（*Cyperus difformis*）、千金子（*Leptochloa chinensis*）、反枝苋（*Amaranthus retroflexus*）、鳢肠、脉草、狗尾草（*Setaria viridis*）、大狗尾草等；但是金鱼藻（*Ceratophyllum demersum*）、水苋菜（*Ammannia baccifera*）、陌上菜（*Lindernia procumbens*）等的籽实只有在黑暗条件下才能顺利萌发；灯心草（*Juncus effusus*）等无论在光照还是在黑暗条件下都能很好地发芽。光照长短和光质对萌发也有影响，这是因为光主要是通过调节种子内部的远红光吸收型（Pfr）和红光吸收型（Pr）光敏色素比例来影响杂草种子萌发的：前者促进种子萌发，后者则抑制种子萌发，而光质则影响这两种光敏色素之间的转换。农田杂草籽实不再萌发出苗，就是由于叶冠层透过的光含更多的远红光，而将杂草种子中的光敏色素促变为非活跃型。

对于某些杂草籽实，其对光的需求会随着环境条件（如温度、储藏条件）的改变而发生变化。例如，刚成熟的稗种子萌发不需要光照，在土壤中埋藏1年后，产生了需光性（light requirements），而反枝苋种子与其恰恰相反。此外，各种不同的土壤条件也直接或间接影响着杂草籽实的萌发。例如，籽实的埋藏深度间接影响着杂草种子的萌发率。小粒种子的杂草在地表或接近地表处萌发率较高。另外，土壤中含有适量的硝酸盐可以促进狗尾草和藜的籽实的萌发。此外，土壤类型、物理性质及pH也影响杂草籽实的萌发。

上述各种因素综合影响杂草籽实的萌发。有时，一种因素会影响到其他因素的变化，从而复合作用于杂草籽实的萌发。

杂草营养繁殖器官的萌发与杂草籽实的萌发一样，受上述诸多因素的影响和制约，同时也具有其周期节律性。此外，由于繁殖器官大小及构造不一致，其发芽率通常随着器官大小的增加而减少，顶端优势和苗优势对种子萌发有一定的抑制作用。

2.2 杂草的种群生态学

2.2.1 杂草种子库

植物种子成熟后最终都会落到地面上，其中只有很少数刚好落到合适的环境中而萌发，其他大部分种子因得不到适宜的条件而不能萌发。未萌发的种子中，一部分失去活力而死亡，另一部分具有休眠特性而得以保持活力，留在土壤中形成所谓的土壤种子库。存在于确定面积的土壤表面及土层中具有活力的种子总数称为土壤种子库。土壤是保存杂草种子的良好场所，它既可以提供储存场所，又可以防止动物取食，还能提供适宜的休眠或萌发条件。

杂草种子库（seed bank）的构成和密度因地而异，主要取决于种植制度和杂草防治水平。杂草种子库的构成和大小受种植制度的影响。表2-3列举了田间在不同耕作制度下杂草种子库构成的差异。在特定的种植制度下，每种作物都有其相对应的伴生杂草。例如，陕西地区荠菜和播娘蒿（*Descurainia sophia*）与小麦伴生，很多南方稻田中喜旱莲子草（*Alternanthera philoxeroides*）和水竹叶（*Murdannia triquetra*）与水稻伴生。研究杂草种子库首先要了解它的构成，即种子库中的种子种类，其次是种子密度，即在一定范围内的种子数量，然后要了解种子库在土壤中的分布，包括水平和垂直分布，最后是研究种子库的消长动态，即每年种子库的输入和输出量。

表2-3 作物轮作对杂草种子库物种组成的影响

杂草种类	种子库密度/（粒/m²）		
	水稻—小麦轮作	玉米—小麦轮作	大豆—小麦轮作
异型莎草	19 557.0	16 161.7	13 852.8
千金子	16 840.7	25 125.3*	2 716.2*
碎米莎草	2 852.1	9 778.5*	1 629.7
稗	2 173	407.4	135.8*
马唐	814.9	7 062.2*	3 259.5*
牛筋草	135.8	407.4	271.6
其他	3 802.7	2 444.6	3 123.7
禾本科杂草	43 867.3	41 015.3	18 063.0*
阔叶杂草	109 328.8	57 991.8*	63 288.5
莎草	22 816.5	29 199.6	16 433.3
冬季杂草	32 051.7	12 630.5*	17 248.2*
夏季杂草	143 961.0	115 576.2*	80 536.6*
物种丰富度	26	32	28
物种多样性	2.13	2.16	1.94

*表示在0.05水平上与水稻—小麦轮作差异显著

在作物生长季节采取有效的防治措施，能大幅缩减杂草种子萌发率，减少种子的产出与输入。通过采用数学建模的方法进行测算，研究人员发现当种子库每年的种子萌发出苗率为75%，而防治水平在99.5%以上时，需要耗费30年才能将种子库中的所有累积种子消耗完毕，但在100%的防治水平下，仅需14年就可以消耗完种子库中所有的种子。如果种子库每年有95%的种子萌发而且不产生新的种子，则耗尽种子库仅需6年。

杂草种子在土层中的垂直分布主要受耕作方式和耕作用机械工具的影响。在常规耕种的农田中，绝大部分杂草种子分布在0~30cm深的耕作层，而在免耕或旋耕的农田中，杂草种子则分布在浅表土层（图2-2）。

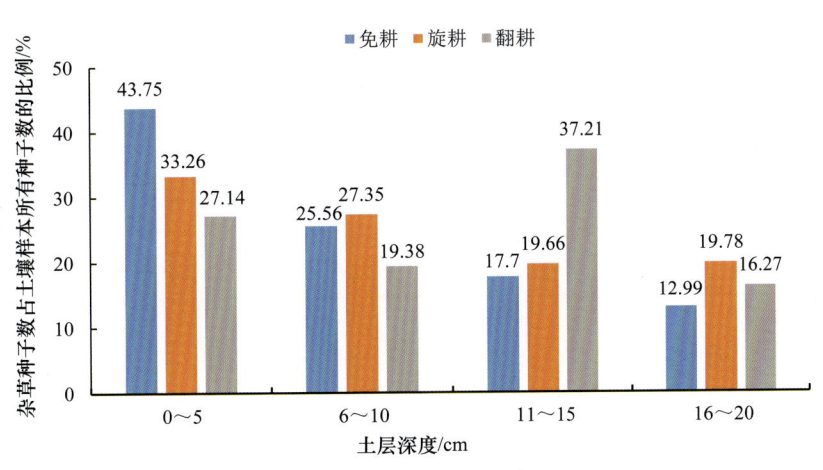

图2-2 耕作方式对稻麦轮作田的杂草种子在不同土层中分布数量的影响

土壤中的杂草种子库是一个动态系统，每时每刻都在进行种子的输入和输出（图2-3）。当输入量大于输出量时，种子库就逐年增大，杂草危害就增加。反之，种子库就缩小，杂草危害降低。

争抑制及农田除草等其他因素的影响。另外遮阴和田间出苗的推迟也会影响到杂草的结实数（Hartzler，1996）。

杂草种子库的输出包括杂草种子的萌发、休眠、死亡、移出。影响这些的最重要因素就是种子所处的环境条件。除上述因素外，杂草在土壤中的寿命也是影响输出的一个重要因素（虎锋等，2003）。影响杂草种子萌发和出苗的因素很多，主要包括杂草种类、温度、土壤水分含量、耕作条件、埋藏深度、土壤pH等（Macchia et al.，1996）。

杂草种子在土壤中的寿命因种类不同而差异较大。除了受杂草本身的遗传特性影响，还受到土壤类型、土壤含水量、所处土壤深度及耕作措施等外界因素的影响。唐洪元等（1988）的研究结果表明，在水田、旱田条件下，杂草种子的寿命（存活率）差异极大（表2-4）。

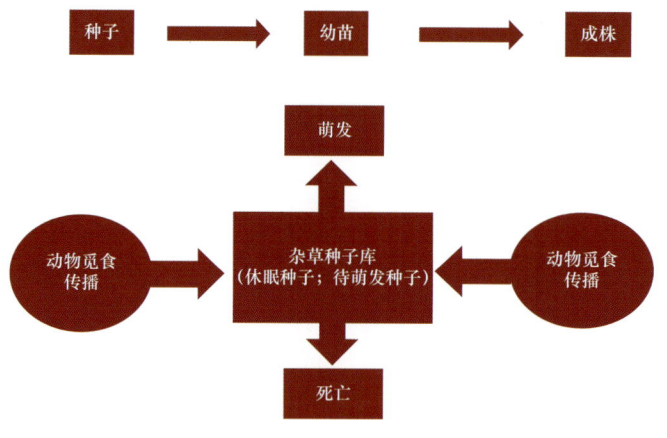

图2-3 杂草种子库动态示意图

杂草种子库的输入可能有很多的来源，但是最大的来源是每年杂草的结实（Caver，1983）。一般来说，农田中杂草的结实数不太高，主要是因为杂草的生长受到作物的竞

表2-4 常见杂草种子在不同土壤条件下的寿命（存活率，%）

杂草种类	生态条件	第一年	第二年	第三年	第七年
稗	水田	18	41	52	100
	旱田	37	68	97	100
硬草	水田	15	36	85	100
	旱田	19	100	100	100
猪殃殃	水田	8	99	100	100
	旱田	42	42	60	90
蔊草	水田	10	34	66	100
	旱田	16	85	99	100
千金子	水田	20	21	52	98
	旱田	39	65	81	100
马唐	水田	28	32	95	100
	旱田	43	96	100	100

一般来说，土壤中杂草种子的寿命同所在深度成正比，深度越深寿命越长。翻耕土壤和水旱轮作可以有效防治杂草，但是过于频繁的耕作活动容易打破土壤种子库的种子休眠，促进种子萌发和幼苗生长（赵玉信和杨惠敏，2015）。在农业生产实践中，杂草治理最终目的之一是降低杂草种群数量。要有效进行杂草防治，必须加强播种前的种子

检疫；施用充分腐熟的厩肥；选用优质精选的纯净种子；减少杂草种子库的输入；诱导萌发后尽早处理；改变土壤环境条件使其不利于杂草种子的保存，加快杂草种子死亡，促进输出。只有枯本竭源，才能真正有效地完成防治。

2.2.2 杂草种群动态

从理论上来讲，在外界条件（温度、土壤水分含量、耕作条件、埋藏深度、土壤pH，以及土壤中氮、磷、钾元素的比例及含量等）（Macchia et al.，1996）及生长空间适宜的情况下，一个种群如按它固有的增长率增长，其个体数或生物量（N）可按几何级数增长。然而，环境资源总是有限的，这也导致种群是按逻辑斯谛（logistic）曲线增长，即起初增长缓慢，接着有一个迅速增长期。当种群的个体数量达到一定的程度后，个体之间出现竞争，种群的增长速度放慢。最终当种群个体数达到环境载有量（k）时，增长量变为零（图2-4）。

上述种群的逻辑斯谛增长曲线可用如下方程来描述：$dN/dt=rN(1-N/k)$。从这个公式很好理解种群的这种增长模式。当个体数或生物量（N）少时，即在种群增长的初期，N/k很小，$(1-N/k)$接近于1。此时，种群的

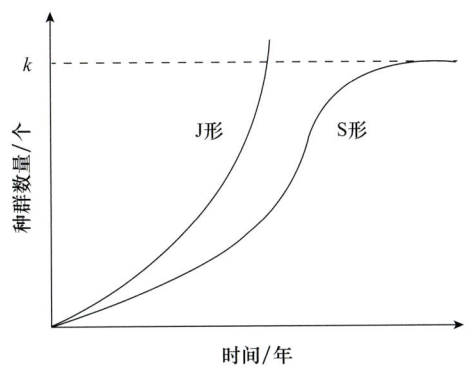

图2-4 杂草种群动态

增长为rN，这意味着种群已接近固有增长率（r）的速度增长，即代表环境的最大负载量按几何级数增长。随着N的增大，增长率逐渐下降，当$N=k$时，$(1-N/k)=0$，种群增长率变为0。

作为农业生态系统的组成之一，杂草种群动态除了受本身的一些特性（如生长、传播、繁殖特性、种子寿命、最大种群密度等）影响，从萌发、出苗、成熟结实，到形成土壤杂草种子库的整个生活史中的每一环节还受到气候、人类的农事活动（包括除草措施）及其他生物和非生物因素的影响。由于人类的农事活动频繁，农田生境处于一种不稳定的状态，杂草种群也随时变化。然而，在某种耕作制度下，杂草的种群大小还是相对稳定的。

2.3 杂草与作物之间的竞争

2.3.1 竞争的定义

植物间的竞争是指植物间为抢夺有限的生存资源（光、CO_2、水、养分）所进行的斗争，该种斗争对双方的生长都极为不利。严格地说，在资源充足的条件下植物间不存在竞争，竞争只有在资源受限的条件下才会发生，严重性和资源有限程度呈正相关。另外，植物间发生竞争的另一个前提是两者对环境的要求相似、相同，或占用相同的生长空间，即它们利用同一生境中的资源，如两种植物的根系不在同一土层，它们之间就不存在水和养分竞争。在实际研究中，如受杂草危害后作物产量损失的试验，就很难把竞争作用的影响和其他负干扰作用的影响（如化感作用）区分开来。在这种试验中，作物除了受杂草资源竞争的影响，还可能受到杂草释放出的有毒物质的影响。

同种植物的不同个体间的竞争，称种内竞争（intraspecific competition），如稻田植株间竞争、不同稗个体间竞争。不同种类植物间的竞争称为种间竞争（interspecific competition），如稗与水稻（杂草与作物）间竞争、稗与鸭舌草（杂草与杂草）间竞争。

2.3.2 杂草与作物间的资源竞争

杂草与作物间的地上竞争主要表现在竞争光照。杂草与作物竞争光是一种非常普遍的现象。杂草和作物叶片相互遮盖，导致对方的光合作用下降，干物质积累减少，最终降低产量。杂草与作物对光的竞争能力主要取决于两者谁能更早地占领地上生长空间，以及杂草与作物的株高、叶面积和叶片的着生方式。作物早发生、早封行，就可能优先占有地上空间，从而抑制杂草的生长。反之，如果作物苗生长慢，而杂草快速生长将其遮盖，作物吸收阳光就少，生长就受到抑制，从而会出现草欺苗现象。一般来说，植株越高大，竞争光的能力就越强。杂草和作物的叶面积指数（leaf area index）是反映它们光竞争能力的一个很重要的指标，叶片多、叶面积指数大，接收光多，竞争力就强。

在一般情形下，空气中总是含有足够的CO_2，因此作物与杂草间对CO_2的竞争并不会有多激烈。但当无风而且植物冠层特别茂密时，冠层内空气流通不畅，因而被植物光合作用消耗的CO_2不能及时补充，从而导致植物冠层内CO_2浓度下降，此时，作物与杂草就可能就CO_2展开竞争。作物在与杂草竞争CO_2时通常处于劣势，因为很多杂草是C_4植物，而大多数作物是C_3植物。C_3植物的CO_2的补偿点比C_4植物高，在CO_2浓度较低时，C_4植物仍能进行正常的光合作用，而C_3植物的光合作用则受到抑制。

地下竞争包括对养分和水分的竞争。相较于地上竞争，作物和杂草的地下竞争往往更为激烈。作物生长中一个很重要的限制因素是土壤中的养分含量，特别是氮、磷和钾三大元素。很多杂草吸收养分的速度快于作物，而且吸收量大，这会降低土壤中作物可利用的营养元素含量，加剧作物的营养缺乏。

在旱地，作物的生长常会受到水分胁迫的影响，由于杂草常常会吸收大量水分，土壤含水量降低，从而加重水分胁迫程度。很多研究表明，在土壤水分含量较低时，杂草相比于作物能更好地利用水分，使叶片保持较高的水势。

杂草和作物对地下资源的竞争能力受它们的根长、密度、分布、吸收水肥能力的影响。竞争能力强的植物其根系通常也更为发达，如与水稻相比，稗根系往往更加发达，竞争力也就强于水稻。一种植物根长度比它的根数量更能反映它对地下资源的竞争能力。

竞争是同时发生的。由于不同的资源间相互联系，因此，杂草与作物竞争不同的资源是一个很复杂的过程。竞争地上资源必然影响到地下资源的竞争。一般来说，竞争一种资源将加剧对另一种资源的竞争；对一种资源竞争占优势，将导致对另一种资源的竞争也占优势；对于弱竞争者，当与强者竞争时，产量损失远大于二者分别竞争产生的资源产量损失之和。

2.3.3 杂草竞争造成的作物产量损失模型

杂草密度和作物产量损失之间不呈正比关系，而是呈双曲线或S形曲线关系。至于是呈S形曲线，还是呈双曲线，视杂草和作物的种类而定。当作物的竞争力比杂草强时，杂草密度和作物产量损失的关系为S形曲线，反之则为双曲线（图2-5）。杂草密度和作物产量损失之间成正比关系是一种特例，即只有在杂草密度很低时才成正比。然而，杂草密度和作物产量损失则呈直线关系（图2-5）。

第 3 章
杂草群落生态学

农田杂草群落是在特定环境因子的综合影响下，构成一定杂草种群的有机组合。这种在特定环境条件下重复出现的杂草种群组合就是杂草群落（weed community）。杂草群落的形成、结构、组成、分布，直接受农田生态环境因子的制约和影响。其内在关系，是杂草群落生态学研究的重要组成部分，能够为杂草的生态防除提供理论依据。

3.1 杂草群落与环境因子间的关系

3.1.1 气候和海拔

海拔通过影响温度、日照和降水量来改变农田杂草群落结构。温性杂草如野燕麦、播娘蒿（*Descurainia sophia*）、麦瓶草（*Silene conoidea*）、麦仁珠（*Galium tricornutum*）等，多出现在淮河流域以北的温带地区，淮河以南地区则较少见，甚至无。圆叶节节菜（*Rotala rotundifolia*）喜暖性气候，主要分布于华南及长江以南山区的水稻田。高海拔地区生长有适应高寒气候条件的薄蒴草（*Lepyrodiclis holosteoides*）等，主要分布于西北高海拔地区的麦类和油菜田。而热带则多有C_4种类喜温性杂草，如铺地黍（*Panicum repens*）、飞扬草（*Euphorbia hirta*）等。例如，云南元谋的海拔为895~2862m，年均温22℃，夏季发生的主要杂草有马唐、龙爪茅（*Dactyloctenium aegyptium*）。藿香蓟（*Ageratum conyzoides*）、龙爪茅等热带、亚热带气候性杂草，主要分布于华南地区的旱地。

3.1.2 地形、地貌

地形地貌因素也会影响杂草的分布，同一地区不同地形上的主要杂草种类可能会因为外界环境的不同有所差异。例如，分布在海南中、西部地区的草地、涝洼地、河滩、路边山坡地等的狗牙根匍匐茎较细但节间较长，叶片颜色几乎为绿色，茎色以红褐色居多；分布于海边沙滩地的狗牙根草层高，直立茎营养枝较高，直立茎叶片较长且宽，匍匐茎较粗，茎色为绿色；而生活在灌丛下、草地、山坡地的狗牙根草层低矮，枝直立，叶片短而窄，而且匍匐茎节间也较短细，茎色为绿色，几乎无叶毛（黄山春等，2007）。

3.1.3 季节

气候条件（包括气温、降水量、光照）随着季节的不同都会发生改变，从而显著影响着杂草的发生与分布。例如，同是水稻，双季晚稻田中稗苗较少，而早稻、中稻、单季晚稻田中，稗的发生量较大，这是因为早稻、中稻等同稗基本一起萌发。而双季晚稻栽插时，在早稻田中成熟的稗草籽实正处于休眠。

3.1.4 轮作和种植制度

稻麦连作时，麦田杂草多以看麦娘为主，野燕麦等杂草生长受限，明显较少。棉麦连作田中，则多以阿拉伯婆婆纳（*Veronica persica*）为主。在江南地区，早茬麦田以猪殃殃（*Galium aparine*）、野燕麦等为优势杂草群落。在江苏稻棉水旱轮作棉田中，多以稗（*Echinochloa crus-galli*）、马唐（*Digitaria sanguinalis*）、鳢肠（*Eclipta prostrata*）和千金子（*Leptochloa chinensis*）等共同构成杂草优势群落，而旱连作棉田之中则以马唐、狗尾草（*Setaria viridis*）等种类生长旺盛。

大豆菟丝子（*Cuscuta chinensis*）的发生与大豆重茬年数呈正相关。重茬种植2年的菟丝子感染率达7%，间隔4年再种植则可以将感染率控制为0。不同作物要求不同的播种期、栽植密度、肥水管理、耕作方式、收获期等，通过不同的轮作方式，这些因素可以凭借改变农田生境来改造杂草群落的结构。轮作方式的改变，十分不利于土壤籽实库中杂草繁殖体的保存，从而改变杂草群落。

研究人员在进行木薯间套作、绿肥覆盖

等耕作模式对病害、草害发生的影响的研究时，明确了绿肥覆盖在改良土壤理化性质、抑制杂草发生方面的优势，提出了通过绿肥覆盖方式来抑制田间杂草发生的栽培模式。

研究人员曾采用盆栽的形式研究了热研2号柱花草（*Stylosanthes guianensis* cv. 'Reyan No.2'）与2种优势杂草假臭草（*Praxelis clematidea*）、飞机草（Eupatorium odoratum）混播时的生物影响，结果表明随混播比例减少，柱花草株高显著降低，杂草呈增高趋势；可见柱花草与杂草混播能显著抑制杂草的株高（表3-1）。

表3-1 混播比例对植物相对株高的影响

混播方式	植物种类	混播比例（S:W）			
		8:0	6:2	4:4	2:6
柱:飞 (S:E)	柱花草 *S. guianensis*	1.00±0.04cA	0.97±0.03cA	0.77±0.07bA	0.68±0.05aA
	飞机草 *E. odoratum*	1.00±0.08aA	1.24±0.15bB	1.14±0.06abB	0.98±0.08aB
柱:三 (S:B)	柱花草 *S. guianensis*	1.00±0.15cA	0.84±0.19bcA	0.73±0.10abA	0.66±0.08aA
	三叶鬼针草 *B.pilosa*	1.00±0.17bA	0.83±0.12aA	0.85±0.15aB	0.94±0.16abB

注：A、B表示混插种类差异。关于混播方式，柱:飞（S:E）表示柱花草和飞机草混播，柱:三（S:B）表示柱花草和三叶鬼针草混播。混播比例（S:W）表示柱花草与另外一种杂草的混播比例，S代表的是柱花草，W代表的是杂草。同列数据后不含有相同大写字母的表示混播方式间差异显著（$P<0.05$），不含有相同小写字母的表示混播比例间差异显著（$P<0.05$）

与不同种类杂草混生时，柱花草的平均生长速度均随混播比例减少而减小；杂草的平均生长速度随混播比例减少而增大，不同杂草的生长峰值出现的时间不同。可见混播比例增加能显著抑制杂草的生长速度（图3-1）。

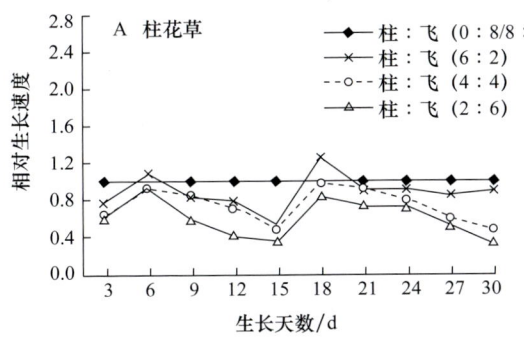
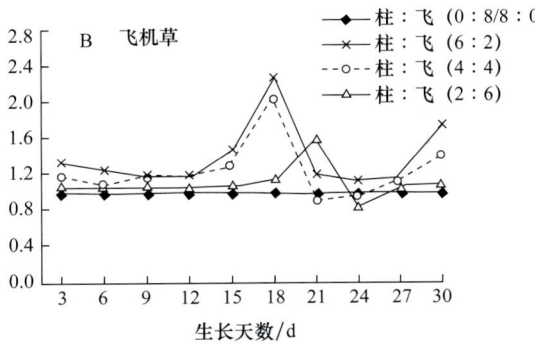

图3-1 混播比例对邻近杂草相对生长速度的影响

柱:飞表示柱花草与飞机草的混播比例

3.1.5 土壤类型

看麦娘发生的主要土壤多为亚热带地区的水稻土壤。图3-2显示了不同土壤类型中，看麦娘、海滨酸模（*Rumex trisetifer*）、雀舌草（*Stellaria alsine*）、牛繁缕、茵草（*Beckmannia syzigachne*）等杂草形成不同种群组合的内在关系。与水稻土壤相对应的旱地土壤，如黄泥土、马肝土以猪殃殃和野燕麦为优势种，灰潮土以卷耳和阿拉伯婆婆纳为优势种。

3.1.6 土壤耕作

耕作措施是防除杂草发生的主要方法，

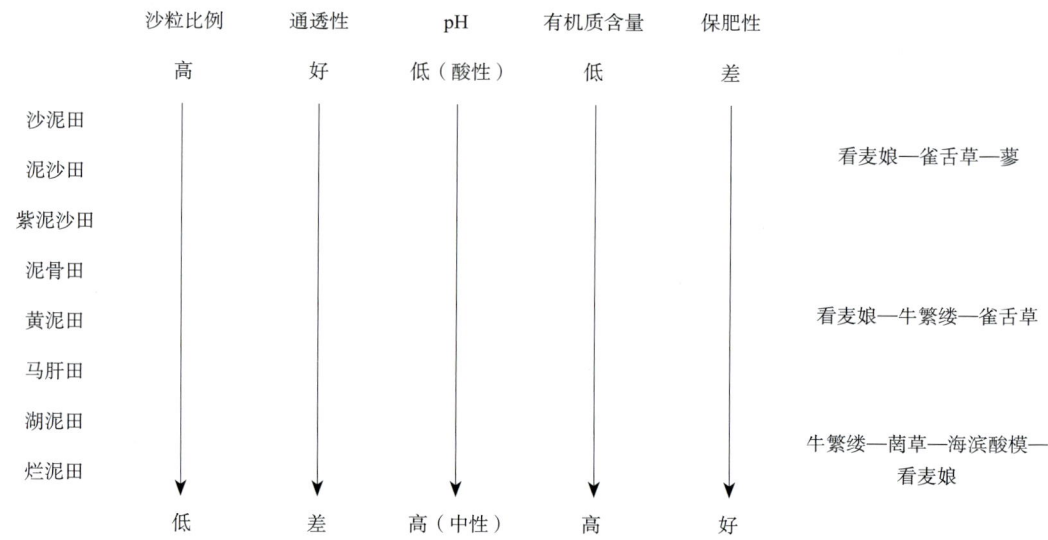

图 3-2　夏熟水稻田中杂草群落结构与土壤类型及其性质的关系模式图

主要有翻耕、深松耕、旋耕、耙耕等措施。耕作措施对杂草的影响因作物不同而异，杂草的密度和群落结构在不同耕作措施影响下会有所不同。研究表明，随耕作强度的增加（免耕、10cm浅耕、20～25cm深耕），玉米田中杂草种子的分布发生改变，密度逐渐降低，免耕田中杂草种子主要分布在0～5cm土层，但在两种耕作处理下，杂草的种子随耕作深度均匀分布（Cardina et al., 2002）。翻耕和耙耕可以使冬小麦田间杂草分布更均匀，多样性也更高，深松耕次之，这些耕作措施影响了杂草种子在土壤中的分布及土壤的水、气、肥等状况，不同程度降低了杂草发生的密度（田欣欣等，2011）。然而，在干旱地区秋收深耕，难以根除翻入土壤10cm以下的杂草种子，且易破坏土壤结构，降低土壤含水量，影响作物播种或出苗。因此，这些传统耕作对杂草控制有利，但水土流失等负面生态效应较大，生产成本较高。

国内自20世纪90年代起逐步引入保护性耕作（Buhler et al., 1994）。保护性耕作虽然有助于减少水土流失，但会使杂草的密度增加。研究表明，小麦生长期杂草的密度受免耕的影响很小，而免耕下豆类生长期的杂草密度较常规耕作更高（Cardina et al., 2002）。保护性耕作还会增加农田杂草的生物量。所以，保护性耕作系统中杂草的管理往往依赖于农艺措施和除草剂的使用。

3.1.7　土壤肥力

不同杂草喜好的养分不同。土壤氮含量高时，马齿苋、刺苋（*Amaranthus spinosus*）、藜（*Chenopodium album*）等杂草生长茂盛；土壤缺磷时，田中则基本没有反枝苋（*Amaranthus retroflexus*）、牛繁缕等。某些杂草吸收氮、磷能力特别强，如香蒲（*Typha orientalis*）可超常吸收氮、磷，储存在体内；槐叶苹（*Salvinia natans*）、金鱼藻（*Ceratophyllum demersum*）有极强的吸收硝态氮的能力；稗吸收磷的能力较吸收氮更强；水绵适宜生长在土壤有机质含量高、磷肥施用量大的田块。

3.1.8　土壤水分

土壤水分是影响杂草群落结构的最基本要素之一。上述诸多因素也是直接或间接通过影响土壤水分含量而作用于杂草种群的。猪殃殃、野燕麦要求较低的土壤水分含量，过高的水分含量会抑制它们的籽实萌发。而看麦娘、日本看麦娘（*Alopecurus japonicus*）、雀舌草等需要较高的土壤水分含量，眼子菜（*Potamogeton distinctus*）、野慈姑（*Sagittaria trifolia*）则需要长期的淹水条件。如果土壤水分饱和，马唐、牛筋草（*Eleusine indica*）等种类则生长不良。虮子草（*Leptochloa panicea*）则要求土壤较干燥，而同属的千金子则需要在土壤含水量高或饱和的条件下才能正常生长。

3.1.9　土壤酸碱度

在pH高的盐碱土，多会有萝、小藜（*Chenopodium ficifolium*）、眼子菜（*Potamogeton distinctus*）、扁秆藨草（*Scirpus planiculmis*），稗发生需要pH较低的土壤。

3.2　杂草群落的演替及顶极群落

杂草群落也和其他植物群落一样，在农业措施和环境条件变化的情况下，不断发生着演替（succession），也就是一个杂草群落为另一个杂草群落所取代的过程。在自然界，植物群落演替是非常缓慢的过程。但是，由于频繁的农业耕作活动，农田杂草群落的演替相比较而言显得更为迅速。

农业耕作活动及农业生产措施的应用驱动着农田杂草群落的演替，通常其演替趋势总是与农作物生长周期相一致。也就是说，一年一熟或一年多熟作物的农田，其杂草群落的演替趋势也是以一年生杂草为主。例如，金华曾对稻田杂草的分布及危害状况进行普查，结果表明稗、矮慈姑（*Sagittaria pygmaea*）、牛毛毡（*Eleocharis yokoscensis*）、鸭舌草（*Monochoria vaginalis*）、节节菜（*Rotala indica*）、异型莎草（*Cyperus difformis*）、四叶苹（*Marsilea quadrifolia*）等为当地稻田的主要恶性杂草。近年来由于除草剂大量使用，矮慈姑、牛毛毡、陌上菜（*Lindernia procumbens*）、四叶苹出现量明显减少，几乎已成为次要杂草。而且随着土地流转规模增加，水稻生产的机械化水平越来越高，耕作方式日益粗放，导致李氏禾（*Leersia hexandra*）、鸭舌草、双穗雀稗（*Paspalum distichum*）、喜旱莲子草（*Alternanthera philoxeroides*）、水竹叶（*Murdannia triquetra*）等杂草危害加重。尤其是李氏禾已成为目前部分稻区的优势种（周小军等，2020）。再如，经过调查，在河北柏各庄垦区，开垦初期田间盐碱较重，以藻类、碱蓬（*Suaeda* spp.）、芦苇（*Phragmites australis*）等为主；种稻后，经水洗盐，演变为以扁秆藨草为主的群落（扁秆藨草只在偏盐碱性的水稻田发生危害，在北方地区的稻田较为常见）；继续洗盐、施肥一段时间后，土壤含盐量更低，土壤结构改良，扁秆藨草群落渐渐演变为稗群落。

3.3　我国农田杂草发生分布规律

中国幅员辽阔，各地条件各异的农业自然生态，决定着农业种植的作物种类、复种指数和轮作方式的差异。上述关于农田杂草与环境因子间相互关系的讨论，已经表明自然生态条件和农业措施的应用在杂草发生和分布上的决定性作用。揭示杂草发生和分布的规律性，对指导杂草防治具有十分深远的意义。

据不完全统计，截至1992年，研究发现和文献报道的农田杂草约1400种，隶属105科。其中，双子叶植物杂草72科约930种，单子叶植物杂草440种，藻类、苔藓和藻类植物杂草30种。有近100种为外来杂草。

那些分布发生范围广、群体数量大、相对难以防除、对作物生产损害严重的杂草定义为恶性杂草（noxious weed）。在全国范围，共有32种杂草被定义为恶性杂草（表3-2）。

表3-2　中国农田恶性杂草一览表

中文名	拉丁名	科名	习性	生境	分布
喜旱莲子草	Alternanthera philoxeroides	苋科 Amaranthaceae	Pe	A; Sb; Sn; R; F; M	华北、华东、中南、西南
牛繁缕	Malachium aquaticum	石竹科 Caryophyllaceae	Pe/An	S; W; Ra; V; F; M	华北、华东、中南、西南
刺儿菜	Cirsium setosum	菊科 Compositae	Pe	S; W; Ra; F; M	全国
鳢肠	Eclipta prostrata	菊科 Compositae	An	A; Cn; Sb; Sp; R; Ru	全国
泥胡菜	Hemistepta lyrata	菊科 Compositae	An	S; W; Ra	全国
打碗花	Calystegia hederacea	旋花科 Convolvulaceae	Pe	S; W; A; Cnr; F; T; Ru	全国
荠	Capsella bursa-pastoris	十字花科 Cruciferae	Bi	S; W; Ra; V; B; Ra	全国
播娘蒿	Descurainia sophia	十字花科 Cruciferae	An	St; Ra; V; Ru	东北、华北、西北、西南
铁苋菜	Acalypha australis	大戟科 Euphorbiaceae	An	Cnr; Co; Sp; Sp; S; Sn; V	遍及全国
白茅	Imperata cylindrica	禾本科 Poaceae	Pe	A; Sn; F; M; T; Ru	全国
千金子	Leptochloa chinensis	禾本科 Poaceae	An	A; Cn; Co; Sp; V; Ru; Sb	华北、长江流域
狗尾草	Setaria viridis	禾本科 Poaceae	An	A; Cnr; Co; Sp; Sb; St; Sn; F; M; T	全国

续表

中文名	拉丁名	科名	习性	生境	分布
鸭舌草	*Monochoria vaginalis*	雨久花科 Pontederiaceae	An	R	除新疆外，遍及全国
眼子菜	*Potamogeton distinctus*	眼子菜科 Potamogetonaceae	An	R	除华南外，遍及全国
马唐	*Digitaria sanguinalis*	禾本科 Poaceae	An	A; Co; Cnr; Sb; F	全国
无芒稗	*Echinochloa crusgalli*	禾本科 Poaceae	An	R	全国
牛筋草	*Eleusine indica*	禾本科 Poaceae	An	A; Co; Cnr; S Sp; Sb; V	全国
毛马唐	*Digitaria chrysoblephara*	禾本科 Poaceae	An	A; Co; Cnr; Sb; F; M; T; Ru	华北、华东
大野豌豆	*Vicia gigantea*	豆科 Leguminosae	F	S; W; Ra; F; T	华北、西北、长江流域
节节菜	*Rotala indica*	千屈菜科 Lythraceae	An	R	长江流域及其他地区
萹蓄	*Polygonum aviculare*	蓼科 Polygonaceae	An	S; W; A; Cnr; Co; Sb; Ru	全国
酸模叶蓼	*Polygonum lapathifolium*	蓼科 Polygonaceae	An	S; E; Ra; A; Sb; W; Ru	全国
马齿苋	*Portulaca oleracea*	马齿苋科 Portulacaceae	An	A; Cnr; Co; Sp; V	全国
矮慈姑	*Sagittaria pygmaea*	泽泻科 Alismataceae	An	E; Wa; V	华北、长江流域、华南、西南
异型莎草	*Cyperus difformis*	莎草科 Cyperaceae	An	E; Wa; V; Ru	全国
碎米莎草	*Cyperus iria*	莎草科 Cyperaceae	An	A; Cnr; Co; Sp; Sb; V	全国
香附子	*Cyperus rotundus*	莎草科 Cyperaceae	Pe	S; W; F; M; A; Cnr; Co	全国
牛毛毡	*Eleocharis yokoscensis*	莎草科 Cyperaceae	Pe	Ra	全国
水莎草	*Juncellus serotinus*	莎草科 Cyperaceae	Pe		全国
扁秆藨草	*Scirpus planiculmis*	莎草科 Cyperaceae	Pe	R	除中南地区外，遍及全国
看麦娘	*Alopecurus aequalis*	禾本科 Gramineae	An	S; W; Ra; M	秦岭淮河一线及其以南地区
藨草	*Phalaris arundinacea*	禾本科 Gramineae	Pe	S; W; Ra	全国

注：Pe. 多年生；An. 一年生；Bi. 二年生；A. 秋熟旱作物；B. 春收作物；Sb. 大豆；Sn. 甘蔗；Cn. 棉花；Cnr. 玉米；Co. 柏；Sp. 甘薯；St. 谷子；S. 夏熟作物；W. 复类；Ra. 油菜；V. 水稻；R. 蔬菜；F. 果树；M. 桑；T. 茶；Ru. 路旁；Wa. 水生

虽然杂草群体数量庞大，但仅在局部地区发生，或仅在一类或少数几种作物上发生，不易防治。对该地区或该类作物造成严重危害的杂草，定为区域性恶性杂草（regional noxious weed）。这样的杂草共有96种，其中禾本科22种，菊科13种，石竹科6种，萝科5种，十字花科和莎草科各4种，苋科、藜科、唇形科、紫草科各3种，其他还有1或2种的科20个。例如，稗主要发生危害于华东pH较高的土壤的稻茬麦或油菜田。鸭跖草虽分布较广，但农田发生量较大、造成危害较重的，主要是在东北和华北的部分地区。菟丝子虽是一种有害寄生性杂草，在大豆田发生严重时会导致绝产，而且分布发生地理范围较广，但是，其危害的作物主要是大豆，因而被划作区域性恶性杂草。

那些发生频率较高，分布范围较为广泛，可对作物构成一定危害，但群体数量不大，一般不会形成优势的杂草定为常见杂草，共有396种。

余下的被划作一般性杂草，这些杂草不对作物生长构成危害或危害比较小，分布和发生范围较窄（表3-3）。

表3-3　琼西北地区自然条件下入侵杂草种群特征的变化

种群特征	杂草名称	调查次数						
		1	2	3	4	5	6	7
入侵频率/%	飞机草	86.7	83.3	76.7	76.7	76.7	73.3	76.7
	含羞草	26.7	13.3	20	16.7	20	23.3	20
	假臭草	26.7	13.3	26.7	43.3	23.3	26.7	33.3
	马樱丹	16.7	20	16.7	13.3	16.7	20	13.3
	三裂叶蟛蜞菊	10	6.7	10	13.3	20	20	20
	苏门白酒草	3.3	0	0	0	0	0	0
种群盖度/%	飞机草	33.5	24.6	36.9	21.83	17.83	16.9	22
	含羞草	3.5	2.07	5.2	0.63	1.43	3.1	3.1
	假臭草	1.63	1	2.2	2.37	2.87	3.06	4.3
	马樱丹	6.83	2.17	5.03	0.93	1.7	4	4.5
	三裂叶蟛蜞菊	7.17	7.17	5.43	5.2	7.2	13.8	15.5
	苏门白酒草	0.17	0	0	0	0	0	0
种群密度/（株/m²）	飞机草	2.1	1.14	1.03	1.33	2.46	2.02	2.4
	含羞草	0.88	0.36	0.67	0.39	1.32	1.18	1.21
	假臭草	0.75	0.84	1.04	1.63	1.83	1.18	1.02
	马樱丹	0.1	0.1	0.08	0.04	0.13	0.3	0.22
	三裂叶蟛蜞菊	0.5	0.42	0.58	0.28	0.75	2.61	2.75
	苏门白酒草	0.03	0	0	0	0	0	0

就木薯来看，5个省（自治区）木薯种植地共有42科160属228种常见杂草。其中，海南现有34科107属131种杂草（表3-4），其中菊科（Compositae）、禾本科（Poaceae）及蝶形花亚科（Papilionoideae）种类较多，分别占木薯田间杂草总数的16.8%、10.7%、10.7%。这些杂草中84.0%为草本，其次为灌木、藤本、乔木，分别占14.5%、6.9%、2.3%。海南木薯基地中杂草优势种有假臭草（*Praxelis clematidea*）、三叶鬼针草（*Bidens* pilosa)、牛筋草（Eleusine indica）、伞房花耳草（Oldenlandia corymbosa）、叶下珠（Phyllanthus urinaria）、短叶水蜈蚣（Kyllinga brevifolia）等。广西木薯主产区共有13科33种杂草，主要是禾本科9种、菊科6种，优势杂草为阔叶丰花草（Spermacoce latifolia）、马唐（Digitaria sanguinalis）、香附子（Cyperus rotundus）和藿香蓟（Ageratum conyzoides）。广东木薯主产区有22科74种杂草，主要有禾本科17种、菊科13种，其中优势杂草为阔叶丰花草、假臭草、藿香蓟和马唐等。云南木薯地杂草有19科48种，主要是禾本科8种、菊科14种，其中优势杂草为马齿苋（Portulaca oleracea）、龙葵（Solanum nigrum）、赛葵（Malvastrum coromandelianum）、藿香蓟和香附子等。贵州木薯种植的主要杂草有白茅、三叶鬼针草（Bidens pilosa）、兰香草（Caryopteris incana）、薯蓣（Dioscorea polystachya）、广西柳叶箬（Isachne guangxiensis）、白花老鸦嘴、红花老鸦嘴、苦苣菜（Sonchus oleraceus）、白背黄花稔（Sida rhombifolia）、藿香蓟、小蓬草（Erigeron canadensis）、苍耳（Xanthium strumarium）、假蛇尾草（Mnesithea laevis）、通奶草（Euphorbia hypericifolia）、剑叶秋葵、艾蒿（Artemisia argyi）、醉意草、马兜铃（Aristolochia debilis）、石芒草（Arundinella nepalensis）、野茄（Solanum undatum）、吊球草（Hyptis rhomboidea）、蕨（Pteridium aquilinum var. latiusculum）、水蔗草（Apluda mutica）、野茼蒿（Crassocephalum crepidioides）、枫香藤，边坡灌丛有紫茎泽兰（Ageratina adenophora）、水麻（Debregeasia orientalis）、臭椿（Ailanthus altissima）、构树（Broussonetia papyrifera）、乌桕（Triadica sebifera）等。

表3-4 各省（自治区）木薯地杂草种类及繁育特性

分布区域	主要分布科	优势杂草 科名	优势杂草 种名	生活型	繁殖方式
广西	禾本科9种 菊科6种	茜草科 Rubiaceae	阔叶丰花草 Spermacoce latifolia	一年生草本	种子繁殖
		莎草科 Gyperaceae	香附子 Cyperus rotundus	多年生草本	种子繁殖 根茎繁殖
		菊科 Compositae	藿香蓟 Ageratum conyzoides	一年生草本	种子繁殖
		禾本科 Poaceae	马唐 Digitaria sanguinalis	一年生草本	种子繁殖
广东	禾本科17种 菊科13种	茜草科 Rubiaceae	阔叶丰花草 Spermacoce latifolia	一年生草本	种子繁殖
		菊科 Compositae	藿香蓟 Ageratum conyzoides	一年生草本	种子繁殖
		禾本科 Poaceae	马唐 Digitaria sanguinalis	一年生草本	种子繁殖
		菊科 Compositae	假臭草 Praxelis clematidea	一年生草本	种子繁殖

续表

分布区域	主要分布科	优势杂草 科名	优势杂草 种名	生活型	繁殖方式
云南	禾本科8种 菊科14种	马齿苋科 Portulacaceae	马齿苋 *Portulaca oleracea*	一年生草本	种子繁殖 根茎繁殖
		茄科 Solanaceae	龙葵 *Solanum nigrum*	一年生草本	种子繁殖
		锦葵科 Malvaceae	赛葵 *Malvastrum coromandelianum*	多年生草本	种子繁殖
		菊科 Compositae	藿香蓟 *Ageratum conyzoides*	一年生草本	种子繁殖
		莎草科 Gyperaceae	香附子 *Cyperus rotundus*	多年生草本	种子繁殖 根茎繁殖
海南	禾本科14种 菊科22种 蝶形花科14种	菊科 Asteraceae	假臭草 *Praxelis clematidea*	一年生草本	种子繁殖 根茎繁殖
		菊科 Asteraceae	三叶鬼针草 *Bidens pilosa*	一年生草本	种子繁殖
		禾本科 Poaceae	牛筋草 *Eleusine indica*	一年生草本	种子繁殖
		茜草科 Rubiaceae	伞房花耳草 *Oldenlandia corymbosa*	一年生草本	种子繁殖
		大戟科 Euphorbiaceae	叶下珠 *Phyllanthus urinaria*	一年生草本	种子繁殖 根茎繁殖
		莎草科 Cyperaceae	短叶水蜈蚣 *Kyllinga brevifolia*	一年生草本	种子繁殖
贵州	禾本科10种 菊科5种	禾本科 Poaceae	白茅 *Imperata cylindrica*	一年生草本	种子繁殖
		菊科 Asteraceae	三叶鬼针草 *Bidens pilosa*	一年生草本	种子繁殖
		苋科 Amaranthaceae	土牛膝 *Achyranthes aspera*	一年生草本	种子繁殖

通过比较各区域木薯田中杂草分布情况可知,接受调查的不同省份木薯田中主要杂草的科属有禾本科和菊科两种,主要优势杂草为阔叶丰花草（*Spermacoce latifolia*）和藿香蓟等。从杂草生活史类型上来看,危害木薯生长的主要杂草有多年生和一年生。其中多年生杂草适应力强,根系发达,在其生长期内的短时间甚至可以将生长速度提高几十倍,迅速占领生长空间夺取养分和水分,竞争能力极强;一年生杂草适应性强,对土壤及水分条件要求不严,生长期长,在适宜条件下,种子全年可以萌发。从杂草的繁殖方式上看,优势杂草的繁殖方式主要是种子繁殖,实生繁殖的杂草根系生长健壮,适应环境能力强,抵御不良环境因素干扰的能力较好,因此优势杂草主要依靠种子繁殖。

因为不同地区的气候、地形、地势条件有所差异,所以各地木薯田中的杂草群落组成,以及田中的优势杂草会有所不同。云南怒江干热河谷区潞江坝木薯地中菊科类杂草最多，而广西、广东两省（自治区）木薯地中优势杂草为禾本科杂草。云南、广东、广西三地地处低纬度热带和亚热带地区，这些地区气候温暖、阳光充足、雨量充沛，但是云南地处内陆高原，远离海洋，受海洋气团影响小。而广东、广西两省（自治区）濒临海洋，受海洋气团影响大，雨量充沛。且云南地处高原，地势较高，相反广东广西两省（自治区）地势低，以山地丘陵为主。因此，云南木薯地菊科杂草分布多于禾本科，而广西广东两省（自治区）木薯地禾本科杂草多于菊科。牛筋草、假臭草、十万错（*Asystasia nemorum*）、伞房花耳草（*Oldenlandia corymbosa*）等杂草分布极为广泛。部分豆科杂草毒瓜（*Diplocyclos palmatus*）、距瓣豆（*Centrosema pubescens*）、紫花大翼豆（*Macroptilium atropurpureum*）缠绕于木薯之上，影响木薯的生长。

3.4　我国农田杂草群落的发生分布规律

3.4.1　农业措施导致的杂草发生规律

作物间生长季节的差异，造成了只允许生态条件与之相似的杂草生长。夏熟作物如麦类、油菜、蚕豆等田中，主要萌发春夏发生型杂草如看麦娘、野燕麦、播娘蒿、猪殃殃、牛繁缕、荠、打碗花（*Calystegia hederacea*）等。秋熟旱作物如玉米、棉花、大豆、甘薯等田中，主要萌发夏秋发生型杂草如马唐、狗尾草、鳢肠、铁苋菜、牛筋草、马齿苋等。尽管田间常见作物种类远不止上述这些，但由于生长条件、管理方式和生长季节的生态条件趋于相似，故杂草种类发生较为相似，甚至相同。夏熟和秋熟两类作物田杂草仅有少数例子是共同发生的，如香附子、刺儿菜（*Cirsium arvense* var. *integrifolium*）和苣荬菜（*Sonchus wightianus*）。不过，在北方一季作物区，这种交替和混合发生可能是有的。

由于水分管理不同于其他田地，水稻田杂草有其独特性，大多数种类为湿生或水生杂草，如稗、鸭舌草、节节菜、矮慈姑、扁秆藨草、水莎草、异型莎草、牛毛毡、眼子菜等。一般没有和夏熟作物田共同发生的杂草，只有少数种类和秋熟旱作物田共同发生，如喜旱莲子草、千金子、稗、双穗雀稗等。

轮作制度会较大程度上影响土壤的性质、水分含量等生态因子，间接影响杂草群落结构，同时，也会直接影响土壤杂草种子，形成不同的杂草群落类型。

稻茬夏熟作物田优势杂草是以看麦娘属的看麦娘或日本看麦娘为主的杂草群落。其亚优势种或伴生杂草主要有牛繁缕、菌草、雀舌草、猪殃殃、大野豌豆（*Vicia gigantea*）、稻槎菜（*Lapsanastrum apogonoides*）等。此外，还有少部分以稗或棒头草为优势杂草群落。在夏季收获的旱地作物田，北方地区和南方山坡地以野燕麦为优势种，其亚优势种或伴生杂草多为阔叶杂草。沿江和沿海地区棉花田，则多以阿拉伯婆婆纳为优势杂草群落。

3.4.2　地理区域、海拔和地貌导致的杂草发生规律

播娘蒿、麦瓶草、麦蓝菜（*Vaccaria segetalis*）、麦仁珠喜温凉性气候，多发生危害于秦岭和淮河线以北地区的夏熟作物田；在西南高海拔地区，由于其气候条件和北方地区相类似，也有发生相似的规律。扁秆藨

草只在偏盐碱性的水稻田发生危害，在北方地区的稻田较为常见，圆叶节节菜喜暖性气候，主要分布于华南及长江以南山区的水稻田。藿香蓟、龙爪茅等热带、亚热带气候性杂草，主要分布于华南地区的旱地。薄蒴草（*Lepyrodiclis holosteoides*）主要分布于西北高海拔地区的麦类和油菜田。

3.4.3 中国农田杂草区系和杂草植被分区

将组成杂草群落的优势种（dominant）及杂草群落在时间和空间上的组合规律作为分区的基础，再结合各区杂草区系的主要特征成分、主要杂草的生物学特性和生活型、农业自然条件和耕作制度的特点，中国农田杂草区系和杂草植被（weed vegetation）被划分成5个杂草区，下设8个杂草亚区。

（1）东北湿润气候带

春麦、大豆、玉米、水稻一年一熟作物杂草区。

主要杂草群落有稗—狗尾草群落、马唐—稗—狗尾草群落、野燕麦—卷茎蓼群落和野燕麦—其他杂草群落。

（2）华北温暖半湿润气候带

冬小麦玉米、棉、油料一年两熟作物杂草区。

在麦类等夏熟作物田，杂草群落优势种多为阔叶杂草，且有时2个种以上共优。播娘蒿、猪殃殃和麦仁珠、麦蓝菜等为优势种。该区根据主要特征杂草的不同，分成2个亚区：①黄淮海平原冬麦、玉米、棉一年两熟作物杂草亚区，主要特征杂草有麦仁珠、离子芥（*Chorispora tenella*）、离蕊芥（*Malcolmia africana*）、大果荠、马齿苋、刺儿菜、牛筋草和反枝苋；②黄土高原冬麦—小杂粮二年三熟或一年一熟作物杂草亚区，主要杂草有问荆、旋花（*Calystegia sepium*）、藜等。

（3）西北高原盆地干旱半干旱气候带

春麦或油菜、棉、小杂粮一年一熟作物杂草。

野燕麦是杂草群落的优势种，有藜属的藜、小藜、灰绿藜等与之共生。该区根据主要特征杂草，以及地理和气候特征等的不同，分成3个亚区：①内蒙古高原小杂粮、甜菜一年一熟作物杂草亚区，以蒙山莴苣、紫花山莴苣、苣荬菜、问荆、西伯利亚蓼、鸭跖草（*Commelina communis*）、鼬瓣花为主要特征杂草；②西北盆地绿洲春麦、棉、甜菜一年一熟作物杂草亚区，以藜、芦苇、扁秆藨草、稗、灰绿碱蓬（*Suaeda glauca*）等为特征种；③青藏高原青稞、春麦、油菜一年一熟作物杂草亚区，以薄蒴草、萹蓄、微孔草（*Microula sikkimensis*）、平卧藜（*Chenopodium prostratum*）、密花香薷（*Elsholtzia densa*）、田旋花（*Convolvulus arvensis*）、苣荬菜（*Sonchus wightianus*）等为特征杂草。

在上述3个杂草区中，有少部分的水稻，其稻田的主要杂草群落是稗—扁秆藨草—眼子菜—野慈姑。

（4）中南亚热带气候带

稗、看麦娘、马唐冬季作物、双季稻一年三熟作物杂草区。

在冬季作物田，看麦娘为水稻田的杂草群落优势种，而在旱茬冬季作物田，猪殃殃为优势种，稻田以稗为优势种占据群落的上层空间，在下层分布有鸭舌草、节节菜、牛毛毡、矮慈姑等。在秋熟旱作物田，马唐为优势种，其他重要杂草是牛筋草、鳢肠、铁苋菜、千金子、狗尾草、旱稗（如光头稗、小旱稗）等。该区根据夏熟作物田亚优势杂草的不同，分成以下3个亚区。

A）长江流域牛繁缕冬季作物单季稻一年两熟作物杂草亚区

在冬季作物田中，除看麦娘为优势种外，牛繁缕为亚优势种或主要杂草。该亚区向北，则逐渐过渡到看麦娘和猪殃殃及大果菜组合的群落。沿江和沿海棉茬冬季作物田，有阿拉伯婆婆纳和黏毛卷耳为优势种的杂草群落。该亚区其他特征杂草有稻槎菜、硬草（*Sclerochloa dura*）、肉根毛茛（*Ranunculus polii*）、鳢肠和节节菜。

B）南方丘陵雀舌草绿肥双季稻一年三熟作物杂草亚区

雀舌草为冬季作物田仅次于看麦娘的重要杂草。其他特征杂草有裸柱菊（*Soliva anthemifolia*）、芫荽菊（*Cotula anthemnoides*）、圆叶节节菜、水竹叶（*Murdannia triquetra*）和酸模叶蓼（*Polygonum lapathifolium*）等。

C）云贵高原棒头草冬季作物稻、玉米、烟草二年三熟作物杂草亚区

棒头草（*Polypogon fugax*）和长芒棒头草为仅次于看麦娘的重要冬季作物田杂草。其他重要特征杂草有早熟尼泊尔蓼（*Persicaria nepalensis*）、菥蓂（*Thlaspi arvense*）、千里光（*Senecio scandens*）和辣子草（*Galinsoga parviflora*）等。

（5）华南热带南亚热带稗—马唐双季稻—热带作物一年三熟作物杂草区

稗和马唐分别为稻田和热带旱作物田杂草群落优势种。在稻田，其他重要杂草有鸭舌草、圆叶节节菜、节节菜、异型莎草、萤蔺（*Scirpus juncoides*）、草龙（*Ludwigia hyssopifolia*）、尖瓣花（*Sphenoclea zeylanica*）等。在旱田，藿香蓟、两耳草（*Paspalum conjugatum*）、水苋、酸模叶蓼、香附子、含羞草（*Mimosa pudica*）、飞扬草、千金子、光头稗、龙爪茅、铺地黍、牛筋草等为主要特征杂草。

第4章
杂草分类

本章从形态特征、生物学特性、系统分类、生态类型及生境分布等方面，对木薯园常见杂草进行系统分类，涵盖禾草类、莎草类、阔叶类等主要类型，并结合不同生态环境下的杂草生长特性，归纳其在农田、水域、林地及环境中的适应与危害特点，为后续识别与防控技术提供分类依据。

4.1　按形态学分类

根据形态特征，杂草可分为禾草类杂草、莎草类杂草、阔叶类杂草三类（表4-1）。

表4-1　杂草的形态学分类

分类	特征
禾草类杂草	叶片长条，叶脉平行，茎切面圆形
莎草类杂草	叶片长条，叶脉平行，茎切面三角形
阔叶类杂草	叶片宽阔，叶脉网纹状，茎切面圆形或方形

1. 禾草类

禾草类主要包括禾本科杂草。其特征表现为茎圆或略扁，节和节间区别明显，节间中空，中鞘开张、常有叶舌。胚具1子叶，叶片狭窄而长，平行脉，叶无柄。

2. 莎草类

莎草类主要包括莎草科杂草。其特征为茎三棱形或扁三棱形，无节和节间的区别，茎常实心。叶鞘不开张，无叶舌。胚具1子叶，叶片狭窄而长，平行脉，叶无柄。

3. 阔叶类

阔叶类包括所有的双子叶植物杂草及部分单子叶植物杂草。这类杂草的茎呈圆形或四棱形。叶片宽阔，叶有柄，网状叶脉，胚具2子叶。

4.2　按生物学特性分类

1. 按杂草的生活史

按杂草的生活史，可分为一年生杂草、二年生杂草、多年生杂草。一年生杂草，如马齿苋、铁苋菜等；二年生杂草，如野燕麦、看麦娘等；多年生杂草，如水莎草、刺儿菜。

2. 按茎的性质

按照茎的组织结构可将杂草分为草本类杂草和木本类杂草。

3. 按营养方式

（1）自养型杂草

杂草可进行光合作用，合成自身生命活动所需的养料，根据生活史长短又可再分为多年生、二年生和一年生杂草。

1）多年生杂草。营养繁殖能力较发达是多年生杂草的重要特点，依其营养繁殖方式又可以分为以下3种类型：①地下根繁殖型，如苣荬菜、蓟（*Cirsium japonicum*）和田旋花等；②地下茎繁殖型，如白茅、芦苇、狗牙根、牛毛毡（*Eleocharis yokoscensis*）等；③地上茎繁殖型，如鳞茎繁殖的小根蒜、匍匐茎繁殖的喜旱莲子草、双穗雀稗，块茎繁殖的香附子、水莎草等。

2）二年生杂草。此类杂草需在两年内完成其整个生活史，如草木犀属（*Melilotus*）、小蓬草等在当年秋季萌发至第二年秋季开花结籽，种子至第三年秋季方可萌发。

3）一年生杂草。此类杂草可在一年内完成其从种子到种子的生活史，根据其生活史特点分为以下3种类型：①越冬型或称冬季一年生杂草，于秋、冬季萌发，至春、夏季开花结果而完成一个生活周期，如看麦娘、碎米荠（*Cardamine hirsuta*）、婆婆纳（*Veronica polita*）等；②越夏型或称夏季一年生杂草，于春、夏间萌发，至秋天开花结实而死亡，如稗草、马唐、藜和苋等；③短生活史型可在1~2个月的很短时间完成萌发、生长和繁殖等整个生活史，这种类型常为杂草对不适应环境的一种特殊适应。

（2）异养（寄生）型杂草

以其他植物为寄主，杂草已经部分或全部失去通过光合作用自我合成有机养料的能力，如菟丝子、列当（*Orobanche coerulescens*）等（表4-2）。

表4-2 旱田杂草的防除分类

旱田杂草的防除分类	举例
一年生杂草	藜、蓼、稗、马唐、狗尾草、苋菜
越冬型杂草	荠菜、遏兰菜、附地菜、看麦娘
二年生杂草	飞帘、益母草、香蒿、野胡萝卜
多年生杂草	车前、羊蹄、蒲公英
寄生型杂草	列当、菟丝子

4.3 按植物系统学分类

依植物系统演化和亲缘关系的理论，根据植物的形态及繁殖等特性的相似性来判断其在进化上的亲缘关系，并根据这种亲缘关系的远近将某一植物纳入分为不同等级门、纲、目、科、属、种的分类系统中。这种分类法较为科学、系统和完善。大多数杂草均属种子植物门的被子植物亚门，只有蘋（田字草）、木贼（*Equisetum hyemale*）、问荆等少数杂草属蕨类植物门。

4.4 按生境的生态学分类

依杂草所生长的环境，以及杂草所构成的危害类型，对杂草进行分类。此方法实用性强，对杂草的防治有直接的指导意义。按此法，可将杂草分为耕地（农田果茶桑园）杂草、非耕地杂草、水生杂草、草地杂草、森林杂草，以及环境杂草。

耕地杂草是指能够在人们为了获取农业产品进行耕地作业的土壤上不断自然繁衍其种族的植物，其中又包括农田杂草和果茶桑园杂草。农田杂草分为在水田中不断自然繁衍其种族的水田杂草；在秋熟旱作物田中不断自然繁衍其种族的植物，例如，在棉花、玉米、大豆、花生、甘蔗等地的杂草，它们称为秋熟旱作物田杂草；还有夏熟作物田杂草，它们是能够在夏熟作物田中不断自然繁衍其种族的植物，例如，在麦类、油菜、蚕豆，以及春季蔬菜等作物田内生长的杂草。果茶桑园杂草就是能够在果茶桑园中不断自然繁衍其种族的植物。由于果树、茶树、桑树均为多年生木本植物，故其间的杂草包括秋熟旱作物田和夏熟作物田杂草的许多种类，当然，也有其本身的显著特点，多年生杂草比例高，但在农田中并不常见，如稗、看麦娘、野燕麦等。

非耕地杂草是指能够在田边小路、宅旁、沟渠边、荒地、荒坡等环境中不断自然繁衍其种族的植物。这类杂草许多都是先锋植物或部分为原生植物，如飞廉（*Carduus nutans*）、黄花蒿（*Artemisia annua*）、益母草（*Leonurus japonicus*）等。

水生杂草是指能够在沟、渠、塘等环境中不断自然繁衍其种族的植物。它们影响水的流动和灌溉、淡水养殖、水上运输等，如双穗雀稗、马唐、萤蔺等。

草地杂草是指能够在草原和草地中不断自然繁衍其种族的植物，影响畜牧业生产，如牛筋草、狗尾草、马齿苋等。

森林杂草是指能够在速生丰产人工管理的林地中不断自然繁衍其种族的植物，如菟丝子、播娘蒿、棒头草等。

环境杂草是指能够在人文景观、自然保护区和宅旁、路边等生存环境中不断自然繁衍其种族的植物。它们能影响人们要维持的某种景观，对环境产生影响。例如，豚草产生可致敏的花粉飘落到大气中，使大气受污染。因为杂草侵入被保护的植被或物种环境，影响后者的生存和延续等，所以叫环境杂草，如狗牙根、地锦（*Parthenocissus tricuspidata*）等（表4-3）。

表4-3 不同生长环境中的杂草分类情况表

杂草类别	生长环境	主要危害
耕地杂草	耕地	破坏农作物
森林杂草	自然林、人工林	危害森林植物
草地杂草	草原、人工草皮	破坏草皮
水生杂草	河流、湖泊	影响灌溉、养殖
环境杂草	路边、住宅区等	影响日常生活

4.5 按生态型分类

根据杂草对其生长环境及热量的要求，可以将其分为以下几种类型。

（1）根据杂草对水分的需求不同可将其分为水生杂草、湿性杂草、旱生杂草。

1）水生杂草

水生杂草或称喜水杂草，主要是危害水田作物的杂草，根据其在水中的状态又可细分为：①沉水杂草，如金鱼藻（*Ceratophyllum demersum*）、菹草（*Potamogeton crispus*）、苦草（*Vallisneria natans*）和矮慈姑；②浮水杂草，如眼子草、紫萍（*Spirodela polyrhiza*）、浮萍（*Lemna minor*）和槐叶苹等；③挺水杂草，如水莎草、野慈姑和芦苇等。

2）湿性杂草

湿性杂草又称喜湿杂草，主要生长在地势低、湿度高的田内，在浸水田或旱田内均无法生长或生长不良，如石龙芮（*Ranunculus sceleratus*）、异型莎草、看麦娘和千金子等。

3）旱生杂草

旱生杂草包括耐旱杂草和喜旱杂草，主要危害旱作作物，如马唐、马齿苋、香附子、猪殃殃和大巢菜等。

（2）根据杂草对热量的需求不同可将其分为喜热杂草、喜温杂草、耐寒杂草。

1）喜热杂草

生长在热带或发生于夏天的杂草，如龙爪茅、两耳草、马齿苋和牛筋草等。

2）喜温杂草

生长在温带或发生于春、秋季节的杂草，如小藜、藜和狗尾草等。

3）耐寒杂草

生长在高寒地区的杂草，如野燕麦、东葵（*Malva verticillata* var. *crispa*）等。

第5章
木薯园常见杂草识别与防治

本章从危害特点、识别特征、繁育规律、地理分布及防治方法方面介绍木薯园常见杂草，包括禾本科、菊科、豆科、莎草科、大戟科茜草科、锦葵科、旋花科等34个科168种杂草。

5.1 菊科（Asteraceae）

5.1.1 三叶鬼针草

三叶鬼针草（*Bidens pilosa*），别称一包针、豆渣草、鬼针草、细毛鬼针草，隶属于植物界被子植物门双子叶植物纲桔梗目菊科（Asteraceae）鬼针草属（*Bidens*）。

【危害特点】1857年在香港被报道。一般性杂草。为害木薯、果、桑及茶园等旱田作物，但发生量小，危害轻，是常见杂草。由于瘦果冠毛芒状具倒刺，可能附着于人畜或货物被带入我国。此外，它还是棉蚜等病虫的中间寄主。

【识别特征】一年生草本，茎直立，高30～100cm。茎下部叶较小，3裂或不分裂；中部叶，三出，小叶羽状复叶，两侧小叶椭圆形或卵状椭圆形；顶生小叶较大，长椭圆形或卵状长圆形。头状花序。瘦果黑色、条形、略扁、具棱，上部具稀疏瘤状突起及刚毛，顶端芒刺3或4枚，具倒刺毛。

【繁育规律】一年生晚春性杂草。以种子繁殖，一般4月中旬至5月种子发芽出苗，5月上中旬暴发高峰期，8～10月为结实期。种子可借风、流水与粪肥传播，经越冬休眠后萌发。

【地理分布】生于村旁、路边及荒地中。在我国主要分布于华东、华中、华南、西南各省（自治区）。原产于美洲热带地区，目前广泛分布于亚洲和美洲的热带及亚热带地区。

【防治方法】①人工除草；②使用化学除草剂定向喷雾（甲草胺、扑草净、敌草隆，具体用量参照产品说明书即可）；③利用地膜覆盖，提高地膜和土表温度，烫死杂草幼苗或抑制杂草生长。

5.1.2 飞机草

飞机草（*Eupatorium odoratum*），别称解放草、马鹿草、破坏草、黑头草、大泽兰，隶属于植物界被子植物门双子叶植物纲桔梗目菊科（Asteraceae）泽兰属（*Eupatorium*）。

【危害特点】环境的适应性极强，在干旱贫瘠的荒坡隙地、墙头、岩坎及石缝都能生长，被砍伐或焚烧后一段时间又能从根、茎处再生，新枝所到之处抢水抢肥，生存竞争力强大，造成被侵害区域大面积生物多样性丧失或被削弱。

【识别特征】根茎粗壮，横走。茎直立，高1～3m。叶对生，卵形、三角形或卵状三角形。头状花序多数或少数在茎顶或枝端排成伞房状或复伞房状花序。花白色或粉红色。瘦果黑褐色、5棱、无腺点，沿棱有稀疏的白色贴紧的顺向短柔毛。

【繁育规律】多年生草本植物，通过种子和横走根茎进行繁殖更新，繁殖力极强。花果期4～12月。

【地理分布】生于低海拔的丘陵地、灌丛及稀树草原，多见于干燥地、森林破坏迹地、垦荒地、路旁、住宅及田间。现已侵入我国海南、广东、台湾、广西、云南、贵州、香港、澳门等地，并向亚热带进犯。原产于中美洲、南美洲、非洲、亚洲热带地区。

【防治方法】①人工除草；②化学除草使用除草剂定向喷雾（草甘膦、毒莠定）；③在飞机草幼苗期人工或使用机械铲除。或在开花前挖除全株，晒干烧毁；④在裸地上种植禾本科牧草和多年生豆科牧草。

5.1.3 假臭草

假臭草（*Praxelis clematidea*），别称猫腥菊、假藿香蓟，隶属于植物界被子植物门双子叶植物纲菊目菊科（Asteraceae）泽兰属（*Eupatorium*）。

【危害特点】其对土壤肥力吸收力强，能极大地消耗土壤养分，对土壤的可耕性破坏严重，严重影响果树的生长，同时能分泌一种有毒的恶臭味，影响家畜觅食。

【识别特征】全株被长柔毛，茎直立，叶片对生，卵圆形至菱形，先端急尖，基部圆楔形，揉搓叶片可闻到类似猫尿的刺激性味道。头状花序，总苞钟形，总苞片可达5层，小花，藏蓝色或淡紫色。瘦果黑色、条状，种子顶端具一圈白色冠毛。

【繁育规律】一年生或短命的多年生草本。可进行有性和无性繁殖。种子成熟和飘落通常贯穿夏秋两季，传播能力极强，在适宜条件下，种子全年可以萌发。花果期全年。

【地理分布】常发生于路边、荒地、农田和草地等，在低山、丘陵及平原普遍生长。在我国广东、福建、澳门、香港、台湾、海南等地广泛分布。主要分布于阿根廷、巴西，以及南美洲其他一些国家和东半球热带地区。

【防治方法】①人工除草，反复多次清除较有效；②化学除草使用除草剂定向喷雾（草甘膦）；③加强利用病害对假臭草进行生物防除。

5.1.4 藿香蓟

藿香蓟（*Ageratum conyzoides*），别称胜红蓟、一枝香，隶属于植物界被子植物门双子叶植物纲桔梗目菊科（Asteraceae）藿香蓟属（*Ageratum*）。

【危害特点】常侵入秋收作物如玉米、甘薯和甘蔗田中为害，发生量大、危害重，造成作物减产。

【识别特征】无明显主根。茎粗壮，基部径4mm，或少有纤细的，而基部径不足1mm，自基部或中部以上分枝，部分不分枝，或下基部平卧而节常生不定根。全部茎枝淡红色，或上部绿色，被白色尘状短柔毛或上部被稠密开展的长绒毛。叶对生，有时上部互生，常有腋生的不发育的叶芽。头状花序4～18个在茎顶排成通常紧密的伞房状花序。瘦果黑褐色、5棱、长1.2～1.7mm，有白色稀疏细柔毛。

【繁育规律】一年生草本，以种子和根茎进行繁殖，花果期全年。

【地理分布】生于山谷、山坡林下或林缘、河边或山坡草地、田边或荒地。由低海拔到海拔2800m的地区都有分布。我国广东、广西、云南、贵州、四川、江西、福建等地有栽培，也有归化野生分布的，在浙江和河北只见栽培。原产于中南美洲。作为杂草，已广泛分布于印度、印度尼西亚、老挝、柬埔寨、越南等地，以及非洲全境。

【防治方法】①人工除草；②化学除草使用除草剂定向喷雾（草甘膦、扑草净）；③结合种植绿肥覆盖地表，进行综合治理。

5.1.5 小蓬草

小蓬草（*Erigeron canadensis*），别称小白酒草、加拿大蓬飞草、小飞蓬、飞蓬，隶属于植物界被子植物门双子叶植物纲菊目菊科（Asteraceae）白酒草属（*Conyza*）。

【危害特点】对秋收作物（甘薯和大豆）、果园及茶园危害重，发生量也大，也是田边小路的常见杂草，并为棉铃虫和棉蜡蚧的中间寄主。通过分泌化感化合物抑制邻近其他植物的生长。

【识别特征】根纺锤状，具纤维状根。茎直立，高50～100cm或更高，圆柱状，多少具棱，有条纹，被疏长硬毛，上部多分枝。叶密集，基部叶花期常枯萎，下部叶倒披针形，长6～10cm，宽1～1.5cm，顶端尖或渐尖，基部渐狭成柄，边缘具疏锯齿或全缘，中部和上部叶较小，线状披针形或线形，近无柄或无柄，全缘或少有1或2个齿，两面或仅上面被疏短毛，边缘常被上弯的硬缘毛。头状花序多数，小，直径3～4mm，排列成顶生多分枝的大圆锥花序。

【繁育规律】一年生草本。主要靠种子繁殖，10月中下旬出现生长高峰期，花期在翌年6～9月。

【地理分布】常生长于旷野、荒地、田边和路旁，为一种常见的杂草。我国南北各省（自治区）均有分布，原产于北美洲，在世界各地广泛分布。

【防治方法】①人工除草，反复多次清除较有效；②化学除草使用除草剂定向喷雾（草甘膦）；③结合种植绿肥覆盖地表，进行综合治理。

5.1.6 苏门白酒草

苏门白酒草（*Conyza sumatrensis*），隶属于植物界被子植物门双子叶植物纲桔梗目菊科（Asteraceae）白酒草属（*Conyza*）。

【危害特点】19世纪中期引入我国，在南方是一种常见的区域性恶性杂草。与作物竞争养分，影响作物生长，还具有化感作用，能分泌有害的化学物质毒害其他植物。

【识别特征】根纺锤状，直或弯，具纤维状根。茎粗壮、直立，具条棱，绿色或下部红紫色，中部或中部以上有长分枝，被较密灰白色上弯糙短毛，杂有开展的疏柔毛。叶密集，基部叶花期凋落，下部叶倒披针形或披针形，顶端尖或渐尖，基部渐狭成柄，边缘上部每边常有4～8个粗齿，基部全缘，中部和上部叶渐小，狭披针形或近线形，具齿或全缘，叶两面特别是下面叶被密糙绒毛。头状花序多数，在茎枝端排列成大而长的圆锥花序；总苞卵状短圆柱状，长约4mm，总苞片3层，灰绿色，线状披针形或线形，顶端渐尖，背面被糙短毛，外层稍短或短于内层之半，内层长约4mm，边缘干膜质；花托稍平，具明显小窝孔；雌花多层，管部细长，舌片淡黄色或淡紫色，极短细，丝状，顶端具2细裂；两性花6～11朵，花冠淡黄色，檐部狭漏斗形，上端具5齿裂，管部上部被疏微毛。瘦果线状披针形，扁压，被贴微毛；冠毛1层，初时白色，后变黄褐色。

【繁育规律】一年生或二年生草本植物，种子繁殖。可以大量开花，一棵植株上有上万粒种子，种子很轻，可以随风、随车轮到处传播，5～10月开花结果。

【地理分布】常生长在山坡草地、旷野、路旁。分布于我国云南、贵州、广西、广东、海南、江西、福建、台湾。原产于南美洲，在全球热带和亚热带地区广泛分布。

【防治方法】①人工或机械防治；②化学防治，使用农药或除草剂来控制外来入侵种的种群数量，这种方法主要应用于扩展期，特点是见效快但副作用大；③生物防治，通过引入外来入侵种的天敌来控制数量，其副作用大，有可能产生新的入侵种，所以使用时应该进行风险评估；④综合防治，通过人工控制、恢复本地植被、生物防治等几种措施综合应用来控制入侵种的蔓延。

5.1.7 白花地胆草

白花地胆草（*Elephantopus tomentosus*），别称牛舌草，隶属于植物界被子植物门双子叶植物纲菊目菊科（Asteraceae）地胆草属（*Elephantopus*）。

【危害特点】由于其较强的适应性和繁殖能力，能够在多种环境中生长，与作物竞争资源，影响作物的正常生长和产量。

【识别特征】根状茎粗壮，斜升或平卧，具纤维状根；茎直立，高0.8～1m，或更高，基部3～6mm，多分枝，具棱条，被白色开展的长柔毛，具腺点；叶散生于茎上，基部叶在花期常凋萎，下部叶长圆形倒卵形，顶端尖，基部渐狭成具翅的柄，稍抱茎，上部叶椭圆形或长圆状椭圆形，近无柄或具短柄，最上部叶极小，全部叶具有小尖的锯齿，稀近全缘，上面皱而具疣状突起，被疏或较密短柔毛，下面被密长柔毛和腺点。头状花序12～20个在茎枝顶端密集成团球状复头状花序，复头状花序基部有3个卵状心形的叶状苞片，具细长的花序梗，排成疏伞房状；总苞长圆形；总苞片绿色，或有时顶端紫红色，外层4个，披针状长圆形，顶端尖，具1脉，无毛或近无毛，内层4个，椭圆状长圆形，顶端急尖，具3脉，被疏贴短毛和腺点；花4朵，花冠白色，漏斗状，管部细，裂片披针形，无毛。瘦果长圆状线形，具10条肋，被短柔毛；冠毛污白色，具5条硬刚毛，长约4mm，基部急宽成三角形。

【繁育规律】通过种子繁殖，花期在8月至翌年5月。

【地理分布】常生于山坡旷野、路边或灌木丛中。分布于我国福建、台湾和广东沿海地区。在全球热带地区有广泛分布。

【防治方法】①人工除草；②化学除草使用除草剂定向喷雾（草甘膦、扑草净）；③结合种植绿肥覆盖地表，进行综合治理。

5.1.8 败酱叶菊芹

败酱叶菊芹（*Erechtites valerianifolia*），别称飞机草，隶属于植物界被子植物门双子叶植物纲桔梗目菊科（Asteraceae）菊芹属（*Erechtites*）。

【危害特点】其根系较为发达，会与作物竞争资源，影响作物的生长和产量。

【识别特征】茎直立，不分枝或上部多分枝，具纵条纹，近无毛。叶具长柄，长圆形至椭圆形，顶端尖或渐尖，基部斜楔形，边缘有不规则的重锯齿或羽状深裂；裂片6~8对，披针形，顶端渐尖，具锯齿至不规则裂片，或稀浅裂，叶脉羽状，两面无毛；叶柄具狭下延的翅；上部叶与中部叶相似，但渐小，头状花序多数，直立或下垂，在茎端和上部叶腋排列成较密集的伞房状圆锥花序，具线形的小苞片。总苞圆柱状钟形；总苞片1层，12~16片，线形，顶端急尖或渐尖，具4或5脉，无毛或被疏微毛。小花多数，淡黄紫色；外围小花1或2层，花冠丝状，顶端5齿裂；中央小花细管状，稍长于和宽于外围的雌花，内层的小花细漏斗状，顶端腺状加厚；花柱分枝顶端有锥状附片。瘦果圆柱形，具10~12条淡褐色的细肋，无毛或被微柔毛；冠毛多层，细，淡红色，约与小花等长。

【繁育规律】多年生草本植物，通过种子和横走根茎进行繁殖更新，繁殖力极强。

【地理分布】主要生于田边、路旁。分布于我国台湾（台北、桃园、新竹、台南、花莲、南屿）。在南美洲也有分布。

【防治方法】①人工除草；②化学除草使用除草剂定向喷雾（草甘膦、毒莠定）；③在幼苗期人工或使用机械铲除，或在开花前挖除全株，晒干烧毁；④在裸地上种植禾本科牧草和多年生豆科牧草。

5.1.9 苦苣菜

苦苣菜（*Sonchus oleraceus*），别称苦菜、苦苣、扎库日，隶属于植物界被子植物门双子叶植物纲桔梗目菊科（Asteraceae）苦苣菜属（*Sonchus*）。

【危害特点】其适应性强，种子可随风飘扬，传播范围广，为常见杂草，易形成优势种，对作物和草坪影响较大。对伴生杂草、作物有生长抑制作用，影响生物多样性。

【识别特征】一年生或二年生草本植物。根圆锥状，垂直直伸，有多数纤维状的须根。茎直立，单生，高40~150cm，有纵条棱或条纹，不分枝或上部有短的伞房花序状或总状花序式分枝，全部茎枝光滑无毛，或上部花序分枝和花序梗被头状具柄的腺毛。全部叶或裂片边缘及抱茎小耳边缘有大小不等的急尖锯齿或大锯齿上部及接花序分枝处的叶，边缘大部全缘或上半部边缘全缘，顶端急尖或渐尖，两面光滑毛，质地薄。头状花序少数在茎枝顶端排紧密的伞房花序或总状花序或单生茎枝顶端。全部总苞片顶端长急尖，外面无毛或外层、中内层上部沿中脉有少数头状具柄的腺毛。舌状小花多数，黄色。瘦果褐色，长椭圆形或长椭圆状倒披针形，长3mm，宽不足1mm，压扁，每面各有3条细脉，肋间有横皱纹，顶端狭，无喙，冠毛白色，长7mm，单毛状，彼此纠缠。

【繁育规律】有种子繁殖和根茎繁殖两种方式。种子繁殖春、夏、秋均可进行，一般以春播为主，夏秋播为辅。春播可利用温床育苗提早上市，夏季露地直播须防止徒长，深秋播种应在保护设施中进行。根茎繁殖应挖取野生苦苣菜的母根，摘除老叶，按株距15cm、行距25cm，开沟8~10cm深定植。栽后立即浇定根水，水渗后覆土，以不露母根为度。花果期5~12月。

【地理分布】我国分布于辽宁、河北、山西、陕西、甘肃、青海、新疆、山东、江苏、安徽、浙江、江西、福建、台湾、河南、湖北、湖南、广西、四川、云南、贵州、西藏。

【防治方法】①人工除草在结果前拔除；②化学除草使用除草剂定向喷雾（花果期前用使它隆等除草剂防除）；③结合种植绿肥覆盖地表，进行综合治理。

5.1.10 蟛蜞菊

蟛蜞菊（*Wedelia chinensis*），别称路边菊、马兰草、蟛蜞花、水兰、卤地菊、黄花龙舌草、黄花曲草、鹿舌草、黄花墨菜、龙舌草，隶属于植物界被子植物门双子叶植物纲桔梗目菊科（Asteraceae）蟛蜞菊属（*Wedelia*）。

【危害特点】一种入侵植物，给农业造成了非常大的损失。生命力极强，耐旱又耐湿。它广泛地出现在农田当中，生长速度比一般的农作物都快，所以会抢先吸收土壤当中的营养和水分，占据地上空间，影响作物的生长。它甚至都已经挤占了本土杂草的生态位，随风带来的种子，也会落地生根，破坏原有的景致。

【识别特征】茎匍匐，上部近直立，基部各节生出不定根，分枝，有阔沟纹，疏被贴生的短糙毛或下部脱毛。叶无柄，椭圆形、长圆形或线形，基部狭，顶端短尖或钝，全缘或有1~3对疏粗齿，两面疏被贴生的短糙毛，中脉在上面明显或有时不明显，在下面稍凸起，侧脉1或2对，通常仅有下部离基发出的1对较明显，无网状脉。头状花序少数，单生于枝顶或叶腋内；花序梗长3~10cm，被贴生短粗毛；总苞钟形；总苞片2层，外层叶质，绿色，椭圆形，顶端钝或浑圆，背面疏被贴生短糙毛，内层较小，长圆形，顶端尖，上半部有缘毛；托片折叠成线形，无毛，顶端渐尖，有时具3浅裂。舌状花1层，黄色，舌片卵状长圆形，顶端2~3深裂，管部细短，长为舌片的1/5。管状花较多，黄色，花冠近钟形，向上渐扩大，檐部5裂，裂片卵形，钝。瘦果倒卵形，多疣状突起，顶端稍收缩，舌状花的瘦果具3边，边缘增厚。无冠毛，但有具细齿的冠毛环。

【繁育规律】多年生草本，可通过种子和匍匐茎进行繁殖，花期3~9月。

【地理分布】生于路旁、田边、沟边或湿润草地上。广布于我国东北部（辽宁）、东部和南部各省（自治区）及其沿海岛屿。也分布于印度、印度尼西亚、菲律宾、日本及中南半岛。

【防治方法】①人工除草，反复多次清除较有效；②化学除草使用除草剂定向喷雾（草甘膦）；③结合种植绿肥覆盖地表，进行综合治理。

5.1.11 鼠麴草

鼠麴草（*Gnaphalium affine*），别称清明草、念子花、佛耳草、清明菜、寒食菜、绵菜、香芹娘，隶属于植物界被子植物门双子叶植物纲桔梗目菊科（Asteraceae）鼠麴草属（*Gnaphalium*）。

【危害特点】是很多种水稻田中农民痛恨的恶性杂草，因为这种草常常成群生长，繁殖力、适应性都很强，并且很难除掉，会与农作物抢食养分等，常常导致农作物生长不良而减产。

【识别特征】茎直立，或基部发出的枝下部斜升，上部不分枝，有沟纹，被白色厚绵毛覆盖。叶无柄，匙状倒披针形或倒卵状匙形，基部渐狭，稍下延，顶端圆，具刺尖头，两面被白色棉毛，上面常较薄，叶脉1条，在下面不明显。头状花序较多或较少数，近无柄，在枝顶密集成伞房花序。瘦果倒卵形或倒卵状圆柱形，有乳头状突起。冠毛粗糙，污白色，易脱落，基部联合成2束。

【繁育规律】一年生草本，种子繁殖，花期1～4月，8～11月。

【地理分布】生于低海拔干地或湿润草地上，尤以稻田最常见。分布于我国华东、华南、华中、华北、西北及西南各省（自治区）。也分布于日本、朝鲜、菲律宾、印度尼西亚、印度及中南半岛。

【防治方法】①人工除草，反复多次清除较有效；②化学除草使用除草剂定向喷雾（草甘膦）；③结合种植绿肥覆盖地表，进行综合治理。

5.1.12 微甘菊

微甘菊（*Mikania micrantha*），别称小花蔓泽兰、小花假泽兰，隶属于植物界被子植物门双子叶植物纲桔梗目菊科（Asteraceae）假泽兰属（*Mikania*）。

【危害特点】微甘菊是多年生藤本植物，在其适生地攀缘缠绕于乔灌木植物，重压于其冠层顶部，阻碍寄主植物的光合作用继而导致寄主死亡，是世界上最具危险性的有害植物之一。

【识别特征】茎细长，匍匐或攀缘，多分枝，被短柔毛或近无毛，幼时绿色，近圆柱形，老茎淡褐色，具多条肋纹。茎中部叶三角状卵形至卵形，基部心形，偶近戟形，先端渐尖，边缘具数个粗齿或浅波状圆锯齿，两面无毛，基出3~7脉；上部的叶渐小，叶柄亦短。头状花序多数，在枝端常排成复伞房花序状，花序渐纤细，顶部的头状花序花先开放，依次向下逐渐开放，头状花序含小花4朵，全为结实的两性花，总苞片4枚，狭长椭圆形，顶端渐尖，部分急尖，绿色，总苞基部有一线状椭圆形的小苞叶（外苞片），花有香气；花冠白色，5齿裂，瘦果，黑色，被毛，具5棱，被腺体，冠毛由32~40条刺毛组成，白色。

【繁育规律】多年生草质或木质藤木，种子细小而轻，且基部有冠毛，易借风力、水流、动物、昆虫，以及人类的活动而远距离传播。

【地理分布】微甘菊是一种喜光好湿的植物，生长地区平均气温20℃以上，在光照较强，水分条件较好地方生长旺盛。分布于我国广东、香港、澳门和广西。印度、孟加拉国、斯里兰卡、泰国、菲律宾、马来西亚、印度尼西亚、巴布亚新几内亚、毛里求斯、澳大利亚、美国南部，以及中南美洲各国和太平洋诸岛均有分布。

【防治方法】①人工或机械去除；②化学防治，用除莠剂或森草净进行防治；③生物防治，利用田野菟丝子控制微甘菊危害，以及利用紫红短须螨控制微甘菊。

5.1.13　五月艾

五月艾（*Artemisia indica*），隶属于植物界被子植物门双子叶植物纲桔梗目菊科（Asteraceae）艾属（*Artemisia*）。

【危害特点】会与作物竞争资源，影响作物的正常生长和发育。

【识别特征】半灌木状草本，植株具浓烈的香气。主根明显，侧根多；根状茎稍粗短，直立或斜向上，直径3～7mm，常有短匍茎。茎单生或少数，高80～150cm，褐色或上部微带红色，纵棱明显，分枝多，开展或稍开展，枝长10～25cm；茎、枝初时微有短柔毛，后脱落。叶上面初时被灰白色或淡灰黄色绒毛，后渐稀疏或无毛，背面密被灰白色蛛丝状绒毛；基生叶与茎下部叶卵形或长卵形。

【繁育规律】五月艾的主要发生期在4～5月，此阶段0～8cm土层（无覆膜）均温在20～30℃，而且雨量充沛，有利于其萌发生长，五月艾种子只要不是在极度偏酸（pH为2）的条件下，萌发率均较高。

【地理分布】多生于低海拔或中海拔湿润地区的路旁、林缘、坡地及灌丛处，在我国东北也见于森林草原地区。产于我国辽宁、内蒙古（东南部）、河北（南部）、山西、陕西（南部）、甘肃（南部）、山东、江苏、浙江、安徽、江西、福建、台湾、河南、湖北、湖南、广东、广西、四川、贵州、云南及西藏（东南部）。为亚洲南温带至热带地区的广布种，日本、朝鲜、越南、老挝、柬埔寨、缅甸、泰国、菲律宾、新加坡、印度尼西亚、印度（北部）、巴基斯坦（北部）、尼泊尔、不丹、斯里兰卡、马来西亚等地都有分布。

【防治方法】①人工除草，反复多次清除较有效；②化学除草使用除草剂定向喷雾（草甘膦）；③结合种植绿肥覆盖地表，进行综合治理。

5.1.14　地胆草

地胆草（*Elephantopus scaber*），别称苦地胆、羊旦草、地松牛、落地消、路边黄、鹿耳草、豆仔根、了鸦头、儿童草、药丸草、理肺散、贴地枇杷、埔花、蒲公英、莫娜碧、老鸭头、红花地胆草、地斩头、灯坚朽、草鞋板、草鞋、毛儿细辛、搭地枇杷、铁灯盏、银锁匙、毛刷子、磨地胆、牛吃埔、草鞋根、青鱼胆、兔儿风、土蒲公英、鞋底草、一品香、鱼胆菜、吹大根、牛托鼻、鱼胆草、倒边莲、地苦胆、草鞋底、疔疮药、哑三西双哈、毛芥菜、铁灯柱、追风散、地胆头，隶属于植物界被子植物门双子叶植物纲合瓣花亚纲桔梗目菊科（Asteraceae）管状花亚科地胆草属（*Elephantopus*）。

【危害特点】会与作物竞争资源，影响作物的正常生长发育。

【识别特征】直立草本，生于草地上，茎2歧分枝，有时全株有白色粗毛。基生叶丛生，叶片匙形或长圆状倒披针形，边缘稍有钝锯齿；茎生叶少，极小。夏秋季开花；头状花序成束，生于枝顶，花紫红色。瘦果有棱，顶端有4~6枚长而硬的冠毛。8~9月开花，10~11月果熟。全草入药。

【繁育规律】直立草本，可通过种子和扦插进行繁殖，8~9月开花，10~11月果熟。

【地理分布】产于我国浙江、江西、福建、台湾、湖南、广东、广西、贵州及云南等省（自治区）。在美洲、亚洲、非洲各热带地区广泛分布。

【防治方法】①人工除草，反复多次清除较有效；②化学除草使用除草剂定向喷雾（草甘膦）；③结合种植绿肥覆盖地表，进行综合治理。

5.1.15　鳢肠

鳢肠（*Eclipta prostrasta*），别称黑墨草、野葵花、烂脚草、水旱莲、莲子草、白花蟛蜞草、白花磨琪草、墨斗草、野向日葵、墨菜、墨汁草、墨水草、乌心草，隶属于植物界被子植物门双子叶植物纲菊目菊科（Asteraceae）鳢肠属（*Eclipta*），菊科植物鳢肠的全草。

【危害特点】为棉花、大豆、甘薯、水稻田的杂草。在棉花田、豆田中用化学药剂防除比较困难，在局部地区已成为恶性杂草。

【识别特征】一年生草本，高10~60cm，全株被白色粗毛，折断后流出的汁液数分钟后即呈蓝黑色。茎直立或倾斜状，绿色或红褐色。叶互生，椭圆状披针形或线状披针形，长3~10cm，宽0.5~2.5cm，全缘或有细齿，基部渐狭，无柄或有短柄。头状花序腋生或顶生，直径6~11mm；总苞片5或6枚，绿色，长椭圆形；舌状花的瘦果扁四棱形，管状花的瘦果三棱形，均为黑褐色，有瘤状突起。

【繁育规律】花期7~9月，果期9~10月，种子繁殖。

【地理分布】生于路边草丛、沟边、湿地或田间。我国各地均有分布。主产于法国、美国，在世界热带及亚热带地区广泛分布。

【防治方法】①稻田用10%吡嘧磺隆、扫弗特等除草剂；②旱地作物用克阔乐、莠去津、嗪草酮、捕草净、农得时、灭草松、恶草灵等除草剂防治（具体用量参照产品说明书即可）。

5.1.16 黄鹌菜

黄鹌菜（*Youngia japonica*），别称毛连连、黄花枝香草、野青菜，隶属于植物界被子植物门双子叶植物纲桔梗目菊科（Asteraceae）黄鹌菜属（*Youngia*）。

【危害特点】为蔬菜、园区、苗圃杂草。会与作物竞争资源，影响作物的正常生长和发育。

【识别特征】一年生或二年生草本。生长于山坡、路边、林缘和荒野等地。分布遍及中国，也见于亚洲温带和热带其他国家。茎直立，叶基生，倒披针形，提琴状羽裂。裂片有深波状齿，叶柄微具翅。头状花序有柄，排成伞房状、圆锥状和聚伞状；总苞圆筒形，外层总苞片远小于内层，花序托平；全为舌状花，花冠黄色。瘦果纺锤状，稍扁，冠毛白色。

【繁育规律】越年生草本，以种子繁殖；秋季发芽出苗，以幼苗越冬，来年返青营养生长，4~9月开花、结果，种子边成熟边脱落，借冠毛随风传播。

【地理分布】生于山坡、路边、林下、荒野、田间、河边、湿地等。几乎遍布我国各地。日本、朝鲜、菲律宾、越南、缅甸、泰国、马来西亚等地也有分布。

【防治方法】蔬菜田用除草通、地乐胺、扑草净等除草剂（具体用量参照产品说明书即可）。

5.1.17 蓟

蓟（*Cirsium japonicum*），别称山萝卜、大蓟、地萝卜，隶属于植物界被子植物门双子叶植物纲桔梗目菊科（Asteraceae）蓟属（*Cirsium*）。

【危害特点】蓟野生于山坡、路边等处，中国南北各省均有分布，适应性强，对土壤要求不严，在肥沃、深厚、排水良好的土壤上生长良好。会与作物竞争资源，影响作物的正常生长和发育。

【识别特征】多年生草本，块根纺锤状或萝卜状，直径达7mm。茎直立，30~150cm，分枝或不分枝，全部茎枝有条棱，被稠密或稀疏的多细胞长节毛，接头状花序下部灰白色，被稠密绒毛及多细胞节毛。基生叶较大，全形卵形、长倒卵形、椭圆形或长椭圆形，长8~20cm，宽2.5~8cm，头状花序直立，少有下垂的，少数生茎端而花序极短，不呈明显的花序式排列，少有头状花序单生茎端的。总苞钟状，直径3cm。全部苞片外面有微糙毛并沿中肋有黏腺。瘦果压扁，偏斜楔状倒披针状，顶端斜截形。小花红色或紫色，不等5浅裂，细管部长9mm。冠毛浅褐色，多层，基部联合成环，整体脱落；冠毛刚毛长羽毛状，长达2cm，内层向顶端纺锤状扩大或渐细。

【繁育规律】多年生草本，可用种子繁殖或分根繁殖。种子繁殖，在7~8月种子成熟时就要采收，种子过熟则易飞散，难以收到种子。花果期4~11月。

【地理分布】生长在海拔400~2100m的山坡林中、林缘、灌丛、草地、荒地、田间、路旁或溪旁。分布于我国河北、山东、陕西、江苏、浙江、江西、湖南、湖北、四川、贵州、云南、广西、广东、福建和台湾。日本、朝鲜也有分布。

【防治方法】①人工除草；②化学除草使用除草剂定向喷雾（草甘膦、扑草净）；③结合种植绿肥覆盖地表，进行综合治理。

5.1.18 金纽扣

金纽扣（*Acmella paniculata*），别称山天文草、散血草、雨伞草、大黄花、黄花苦草、苦草、过海龙、山骨皮、黑节关，隶属于植物界被子植物门双子叶植物纲桔梗目菊科（Asteraceae）金纽扣属（*Acmella*）。

【危害特点】常见于山坡、林下、沟边、河边及池沟路旁、村边空地，一年生普通杂草，危害性一般。

【识别特征】多年生草本，高40~80cm。茎带紫红色，被疏细毛。单叶对生，广卵形，长4~7cm，先端锐尖，基部广楔形，边缘有浅粗锯齿，基出脉3条。头状花序，顶生或腋生；花梗细；花小，深黄色。总苞2列，长卵形；花托有鳞片；舌状花雌性，1列，舌片黄色或白色；盘状两性，结实，管状；总苞片2列。瘦果，3棱形或背向压扁，沿角上常有毛，顶冠有芒刺2或3条或无芒刺。

【繁育规律】多年生草本；可通过种子和营养体进行繁殖，无性繁殖和自播繁殖能力强。花期夏季。

【地理分布】生于海拔800~1900m的田野沟旁、路边草丛潮湿处。分布于我国福建、台湾、广东、广西、四川、云南、西藏等地。

【防治方法】①人工除草；②化学除草使用除草剂定向喷雾（草甘膦、扑草净）；③结合种植绿肥覆盖地表，进行综合治理。

5.1.19 金腰箭

金腰箭（*Synedrella nodiflora*），隶属于植物界被子植物门双子叶植物纲桔梗目菊科（Asteraceae）金腰箭属（*Synedrella*）。

【危害特点】热带地区各种蔬菜、种植园和果园作物及苗圃、荒地、路边等常见杂草。种子量大、发芽快、生长和繁殖迅速，每年数次。常与蔬菜等低生长作物激烈竞争光照，密集的林分也可能会增加植物周围的湿度，从而引发真菌或细菌性病害。

【识别特征】茎直立，高0.5~1m，两歧分枝，被贴生的粗毛或后脱毛；下部和上部叶具柄，阔卵形至卵状披针形；小花黄色；总苞卵形或长圆形；苞片数枚，外层总苞片绿色，叶状，卵状长圆形或披针形，背面被贴生的糙毛，顶端钝或稍尖，基部有时渐狭，内层总苞片干膜质，鳞片状，长圆形至线形，背面被疏糙毛或无毛。托片线形。舌状花连管部长约10mm；管状花向上渐扩大，檐部4浅裂，裂片卵状或三角状渐尖。雌花瘦果倒卵状长圆形，扁平，深黑色，边缘有增厚、污白色宽翅，翅缘各有6~8个长硬尖刺；冠毛2，挺直，刚刺状，向基部粗厚，顶端锐尖；两性花瘦果倒锥形或倒卵状圆柱形，黑色，有纵棱，腹面扁压，两面有疣状突起，腹面突起粗密；冠毛2~5，叉开，刚刺状，等长或不等长，基部略粗肿，顶端锐尖。

【繁育规律】一年生草本；可利用种子及扦插方式繁殖。花期6~10月。每一匍匐茎可连续开花，第1朵花后约14天可开第2朵花，每一朵花可开3天，开花后约22天种子成熟，成熟干燥的种子遇外力即自行掉落，种子量多容易收集。

【地理分布】生于旷野、耕地、路旁及宅旁，繁殖力极强。产于我国东南至西南部各省（自治区），东起台湾，西至云南。原产于美洲，现广布于世界热带和亚热带地区。

【防治方法】①人工除草；②化学除草使用除草剂定向喷雾（草甘膦、扑草净）；③结合种植绿肥覆盖地表，进行综合治理。

5.1.20 香丝草

香丝草（*Erigeron bonariensis*），隶属于植物界被子植物门双子叶植物纲桔梗目菊科（Asteraceae）白酒草属（*Conyza*）。

【危害特点】生长于荒地、田边及路旁，常于桑、茶及果园中危害，发生量大，危害重，是区域性的恶性杂草，也是田边小路、宅旁及荒地发生数量大的杂草之一。

【识别特征】一年生或二年生草本植物，根纺锤状，茎高可达50cm，叶密集，基部叶花期常枯萎，叶片狭披针形或线形，两面均密被贴糙毛。头状花序多数，总苞椭圆状卵形，总苞片线形，顶端尖，花托稍平，有明显的蜂窝孔，雌花多层，白色，花冠细管状，两性花淡黄色，花冠管状，瘦果线状披针形，扁压，淡红褐色。

【繁育规律】一年生或二年生草本，种子繁殖，花果期5~10月。

【地理分布】产于中国中部、东部、南部至西南部各省（自治区）；原产于南美洲，现广泛分布于热带及亚热带地区。

【防治方法】①严格杂草检疫。对国外引进的种子必须严格执行杂草检疫制度，杜绝传入我国蔓延危害。②合理轮作。这是改变杂草生态环境，抑制和减轻杂草危害的重要农业措施。③土壤耕作。利用犁、耙、中耕机等农具，在不同时间和季节进行耕作，对不同杂草有杀除作用。④物理除草。最常用的是利用地膜覆盖，提高地膜和土表温度，烫死杂草幼苗，或抑制杂草生长。⑤生物防治。甲醇提取物。

5.1.21 熊耳草

熊耳草（*Ageratum houstonianum*），隶属于植物界被子植物门双子叶植物纲桔梗目菊科（Asteraceae）藿香蓟属（*Ageratum*）。

【危害特点】 熊耳草是一种危害菜园的"杂草"，影响蔬菜生长。

【识别特征】 一年生草本，高50～100cm，有时又不足10cm。无明显主根。茎粗壮，基部径4mm，不分枝或自基部或自中部以上分枝。全部茎枝淡红色，或上部绿色，被白色尘状短柔毛或上部被稠密开展的长绒毛。叶对生，有时上部互生，卵形或长圆形，有时植株全部叶小形，基出三脉或不明显五出脉。头状花序4～18个在茎顶排成通常紧密的伞房状花序，总苞钟状或半球形。

【繁育规律】 一年生草本，以种子进行繁殖，花果期全年。

【地理分布】 常生于山谷、林缘、河边、林下、农田、草地、田边及荒地。我国有栽培或栽培逸生种，分布于河北、山东、安徽、江苏、浙江、四川、贵州、云南、福建、台湾、广东、广西、海南及南海诸岛。非洲、亚洲、欧洲都有广泛分布。

【防治方法】 ①人工除草，在熊耳草幼苗期人工或使用机械铲除。或在开花前挖除全株，晒干烧毁；②化学除草使用除草剂定向喷雾（草甘膦、毒莠定）；③在裸地上种植禾本科牧草和多年生豆科牧草。

5.1.22 野苦荬

野苦荬（*Ixeris denticulata*），别称荬菜、苣菜、野苦菜，隶属于植物界被子植物门双子叶植物纲菊目菊科（Asteraceae）苦苣菜属（*Sonchus*）野苦荬种。

【危害特点】 主要为害小麦、玉米、油菜、豆类、蔬菜等作物，也为害果树、花椒、茶树、林木。该草在田间呈聚集型分布，常成片生长，形成优势种群或单一群落进行危害，与作物竞争水、肥能力强，发生严重时，使作物生长不良，影响产量和品质。

【识别特征】 多年生草本，全株有乳汁。茎直立，高30～80cm。叶互生，披针形或长圆状披针形，长8～20cm，宽2～5cm，先端钝，基部耳状抱茎，边缘有疏缺刻或浅裂，缺刻及裂片都具尖齿；基生叶具短柄，茎生叶无柄。头状花序顶生，单一或呈伞房状，直径2～4cm，总苞钟形；花全为舌状花，黄色；雄蕊5，雌蕊1，子房下位，花柱纤细，柱头2裂。

【繁育规律】 为多年生草本。根茎和种子繁殖、越冬。在直根上产生横走根，根分布在20～30cm土层中，根上能生不定芽。西北地区4～5月出苗，种子发芽出苗较晚，5～6月营养生长，并进行无性繁殖，7～10月开花、结果，8月种子陆续成熟，边成熟边脱落。

【地理分布】 生于海拔300～2300m的山坡草地、林间草地、潮湿地或近水旁、村边或河边砾石滩。路边、田野常见。分布于我国陕西、宁夏、新疆、福建、湖北、湖南、广西、四川、云南、贵州、西藏等南北各省（自治区）。越南、朝鲜、苏联、蒙古国、日本也有。广泛分布于世界各地。

【防治方法】 ①人工除草；②化学除草使用除草剂定向喷雾（草甘膦、扑草净）；③结合种植绿肥覆盖地表，进行综合治理。

5.1.23 野茼蒿

野茼蒿（*Crassocephalum crepidioides*），别称野塘蒿、野地黄菊、革命菜、安南菜，隶属于植物界被子植物门双子叶植物纲桔梗目菊科（Asteraceae）野茼蒿属（*Crassocephalum*）。

【危害特点】一般性杂草。为荒地上极常见的杂草，常危害果园及蔬菜，常沿道路及河岸蔓延，还常侵入火烧迹地或砍伐迹地。

【识别特征】直立草本植物，高可达120cm，茎有纵条棱，叶膜质，叶片椭圆形或长圆状椭圆形，顶端渐尖，基部楔形，头状花序数个在茎端排成伞房状，总苞钟状，基部截形，总苞片线状披针形，小花全部管状，两性，花冠红褐色或橙红色，瘦果狭圆柱形，赤红色。

【繁育规律】直立草本植物，种子为小瘦果，上有许多白色冠毛，非常轻，容易随风飘走，野茼蒿以种子繁殖为主。

【地理分布】常生于海拔300～1800m的山坡路旁、水边、灌丛。分布于我国江西、福建、湖南、湖北、广东、广西、贵州、云南、四川、西藏。东南亚和非洲也有分布，是一种在泛热带地区广泛分布的杂草。

【防治方法】①人工除草，反复多次清除较有效；②化学除草使用除草剂定向喷雾（草甘膦）；③加强利用病害对野茼蒿进行生物防除。

5.1.24 夜香牛

夜香牛（*Vernonia Cinerea*），别称寄色草、假咸虾花、消山虎、伤寒草、染色草、缩盖斑鸠菊、拐棍参，隶属于植物界被子植物门双子叶植物纲桔梗目菊科（Asteraceae）斑鸠菊属（*Vernonia*）。

【危害特点】适应性强，与作物竞争营养。

【识别特征】高20～100cm，根垂直，茎直立呈铺散状。花序多数，排列成伞房状圆锥花序；花淡红紫色，花冠管状；瘦果圆柱形。

【繁育规律】一年生或多年生草本，种子繁殖，花期全年。

【地理分布】常见于山坡旷野、荒地、田边、路旁。广泛分布于我国浙江、江西、福建、台湾、湖北、湖南、广东、广西、云南和四川等地。印度、日本、印度尼西亚，以及非洲和中南半岛也有分布。

【防治方法】①人工除草，反复多次清除较有效；②化学除草使用除草剂定向喷雾（草甘膦）；③结合种植绿肥覆盖地表，进行综合治理。

5.1.25 一点红

一点红（*Emilia sonchifolia*），别称红背叶、羊蹄草、野木耳菜、红头草、叶下红、紫背叶，隶属于植物界被子植物门双子叶植物纲桔梗目菊科（Asteraceae）一点红属（*Emilia*）。

【危害特点】抗性强，适应性强，影响作物生长。

【识别特征】根垂直。茎直立，无毛或被疏短毛，灰绿色。叶质较厚，顶生裂片大，宽卵状三角形，具不规则的齿，侧生裂片长圆形，具波状齿，上面深绿色，下面常变紫色；中部茎叶疏生，较小，无柄；上部叶少数，线形。小花粉红色或紫色，管部细长；冠毛丰富，白色，细软。

【繁育规律】一年生草本植物，种子繁殖和根状茎繁殖。花果期7～10月。

【地理分布】常生于海拔800～2100m的山坡荒地、田埂、路旁。产于我国云南（昆明、大姚、楚雄、广通、开远、玉溪）、贵州（绥阳、兴义、安龙、册亨、赤水）、四川、湖北、湖南、江苏（宜兴）、浙江（杭州、宁波）、安徽（舒城、霍山、金寨及皖南山区）、广东（汕头、广州）、海南（儋州、定安、三亚、陵水、琼中）、福建、台湾。广布于亚洲热带、亚热带地区和非洲。

【防治方法】①人工除草，反复多次清除较有效；②化学除草使用除草剂定向喷雾（草甘膦）；③结合种植绿肥覆盖地表，进行综合治理。

5.1.26 银胶菊

银胶菊（*Parthenium hysterophorus*），别称银色橡胶菊，隶属于植物界被子植物门双子叶植物纲桔梗目菊科（Asteraceae）银胶菊属（*Parthenium*）。

【危害特点】一般性杂草。多为田边杂草，危害轻。

【识别特征】茎直立，高0.6～1m，多分枝，具条纹，被短柔毛，节间长2.5～5cm。下部和中部叶二回羽状深裂，全形卵形或椭圆形，小羽片卵状或长圆状，常具齿；上部叶无柄，羽裂；头状花序多数，径3～4mm，在茎枝顶端排成开展的伞房花序。舌状花1层，5个，白色，长约1.3mm，舌片卵形或卵圆形，顶端2裂；管状花多数。雌花瘦果倒卵形，基部渐尖，干时黑色，顶端截平或有时具细齿。

【繁育规律】一年生草本，种子繁殖。银胶菊繁殖期长，能产生大量的种子和幼苗，在较短时间内就能暴发和入侵。在草地、疏林和路旁生境中，银胶菊3～10月都有植株生长，从4月底5月初至10月均有开花结实。在耕地中，银胶菊3～12月均有植株生长，5～12月均有开花结实。

【地理分布】一种不常见的野草，生于海拔90～1500m的旷地、路旁、河边及坡地。产于我国广东东北部（大埔、梅县）和西南部（雷州半岛）、广西西北部（隆林）、贵州西南部（兴义）、云南东南部（河口）。越南北部及美洲热带地区也有分布。

【防治方法】①人工在开花前拔除；②火烧殆尽；③用化学药剂防除，选用草甘膦、莠去津、莠灭净等药剂在苗期或开花期种子未形成之前进行喷雾防治，效果较好。

5.1.27 羽芒菊

羽芒菊（*Tridax procumbens*），别称长柄菊，隶属于植物界被子植物门双子叶植物纲菊目菊科（Asteraceae）羽芒菊属（*Tridax*）。

【危害特点】一般性杂草。羽芒菊以种子及地下芽繁殖，易蔓延成片，危害农作物，降低生物多样性的丰富度。

【识别特征】茎纤细，平卧，节处常生多数不定根，长30~100cm，基部径约3mm，略呈四方形，分枝，被倒向糙毛或脱毛，节间长4~9mm。基部叶略小，花期凋萎；中部叶有长达1cm的柄，叶片披针形或卵状披针形，基部渐狭或几近楔形，顶端披针状渐尖，边缘有不规则的粗齿和细齿，近基部常浅裂，裂片1或2对或有时仅存于叶缘一侧，两面被基部为疣状的糙伏毛，基生三出脉。瘦果陀螺形、倒圆锥形或稀圆柱状，干时黑色。

【繁育规律】多年生铺地草本，以种子及地下芽繁殖，各级分枝均能开花结实，其花果期长达4~5个月。

【地理分布】生于低海拔旷野、荒地、坡地及路旁朝阳处。产于我国东南沿海各省，包括台湾及其南部的一些岛屿。也分布于印度、印度尼西亚，以及美洲热带地区和中南半岛。

【防治方法】①人工及生物防除。对于已进入田间的该种杂草，可通过不同时期的耕翻，杀除已出土的杂草或将草籽深埋，或者将根和地下芽翻出地面使之干死。同时要配合清除田边杂草、净化灌溉水、腐熟有机肥肥料等措施以减少种子来源。②化学防除。可利用氟磺胺草醚、草甘膦等除草剂防除。

5.2 禾本科（Poaceae）

5.2.1 牛筋草

牛筋草（*Eleusine indica*），别称千千踏、忝仔草、粟仔越、野鸡爪、粟牛茄草，隶属于植物界被子植物门单子叶植物纲禾本目禾本科（Poaceae）䅟属（*Eleusine*）。

【危害特点】与作物争夺水分、养分和光能。杂草根系发达，吸收土壤水分和养分的能力很强，而且生长优势强，耗水、耗肥常超过作物生长的消耗。杂草的生长优势强，株高常高出作物，影响作物对光能利用和光合作用，干扰并限制作物的生长，增加管理用工和生产成本。

【识别特征】秆丛生，基部倾斜，高10～90cm。叶鞘两侧压扁而具脊，叶舌长约1mm，叶片平展，线形，颖披针形。囊果卵形。

【繁育规律】一年生草本，进行有性和无性繁殖。借助自然力如风吹、流水及动物取食排泄传播，或附着在机械、动物皮毛或人的衣服、鞋子上，通过机械、动物或人的移动而到处散布传播。花果期6～10月。

【地理分布】多生于荒芜之地及道路旁。分布于我国南北各省（自治区、直辖市）。世界温带和热带地区均有分布。

【防治方法】①人工除草；②化学除草使用除草剂定向喷雾（莠去津、敌草隆、甲嘧磺隆、双草醚、氰氟草酯、精喹禾灵、吡氟禾草灵）；③利用地膜覆盖，提高地膜和土表温度，烫死杂草幼苗或抑制杂草生长。

5.2.2 马唐

马唐（*Digitaria sanguinalis*），别称抓根草、鸡爪草，隶属于植物界被子植物门单子叶植物纲禾本目禾本科（Poaceae）马唐属（*Digitaria*）。

【危害特点】秋熟旱作物地恶性杂草。发生数量、分布范围在旱地杂草中均居首位，以作物生长的前中期危害为主。常与毛马唐混生危害。分布全国各地，以秦岭、淮河一线以北地区发生面积最大，长江流域和西南、华南也都有大量发生。主要危害玉米、豆类、棉花、花生、瓜类、薯类、谷子、高粱、蔬菜和果树等作物，是棉铃实夜蛾和稻飞虱的寄主，并能感染粟瘟病、小麦雪腐病和菌核病等。

【识别特征】秆直立或下部倾斜，膝曲上升，高10~80cm。叶鞘短于节间；叶舌长1~3mm；叶片线状披针形，基部圆形。总状花序；小穗椭圆状披针形。

【繁育规律】一年生草本，一般于5~6月出苗，7~9月抽穗、开花，8~10月结实并成熟。种子传播快，繁殖力强，植株生长快，分枝多。

【地理分布】生于路旁、田野。分布于我国西藏、四川、新疆、陕西、甘肃、山西、河北、河南及安徽等地。广布于世界各地的温带和亚热带山地。

【防治方法】①人工除草；②化学除草使用除草剂定向喷雾（莠去津、敌草隆、甲嘧磺隆、双草醚、氰氟草酯、精喹禾灵、吡氟禾草灵）；③结合种植绿肥覆盖地表，进行综合治理。

5.2.3 白茅

白茅（*Imperata cylindrica*），别称茅、茅根，隶属于植物界被子植物门单子叶植物纲禾本目禾本科（Poaceae）白茅属（*Imperata*）。

【危害特点】繁殖力和再生力强，根部穿透能力强，适应范围广，发生密度大，一直是云南小粒咖啡园难以根除的顽固型杂草。

【识别特征】具粗壮的长根状茎。秆直立，高30～80cm，具1～3节，节无毛。叶鞘聚集于秆基，生长于其节间，质地较厚，老后破碎呈纤维状；叶舌膜质，紧贴其背部或鞘口，具柔毛；秆生叶片长1～3cm，窄线形，通常内卷，顶端渐尖呈刺状，下部渐窄，或具柄，质硬，被有白粉，基部上面具柔毛。

【繁育规律】多年生草本，进行有性和无性繁殖。花果期4～6月。

【地理分布】生于低山带平原河岸草地、沙质草甸、荒漠与海滨。分布于我国河南、辽宁、河北、山西、山东、陕西、新疆等北方地区。原产于旧大陆温带和热带地区。

【防治方法】①人工除草；②化学除草使用除草剂定向喷雾，在枝节抽穗期采用草甘膦、茅草枯等除草剂，进行叶面喷雾；③结合种植绿肥覆盖地表，进行综合治理。

5.2.4 丝茅

丝茅（*Imperata koenigii*），别称茅针、白茅根、丝毛草根，隶属于植物界被子植物门单子叶植物纲禾本目禾本科（Poaceae）白茅属（*Imperata*）。

【危害特点】 丝茅是危害茶园、桑园、果园、橡胶园和苗圃等的旱地恶性杂草。

【识别特征】 具横走多节被鳞片的长根状茎。秆直立。叶鞘无毛或上部及边缘具柔毛，顶端具细纤毛；叶片线形或线状披针形，顶端渐尖，中脉在下面明显隆起并渐向基部增粗或成柄，边缘粗糙，上面被细柔毛；顶生叶短小。圆锥花序穗状，分枝短缩而密集，有时基部较稀疏；小穗柄顶端膨大成棒状，无毛或疏生丝状柔毛，小穗披针形，两颖几相等，膜质或下部质地较厚，顶端渐尖，具5脉，中脉延伸至上部，背部脉间疏生长于小穗本身3~4倍的丝状柔毛，边缘稍具纤毛。雄蕊2个，花药黄色，先于雌蕊而成熟；柱头2个，紫黑色，自小穗顶端伸出。颖果椭圆形。

【繁育规律】 多年生，种子繁殖，花果期5~8月。

【地理分布】 生于河床、干旱草地、空旷地、果园地、堤岸和路边。产于我国山东、河南、陕西、江苏、浙江、安徽、江西、湖南、湖北、福建、台湾、广东、海南、广西、贵州、四川、云南、西藏等地，为南部各省草地的优势植物。广布于东半球和温暖地区，自非洲东南部、马达加斯加、阿富汗、伊朗、印度（锡金）、斯里兰卡、马来西亚、印度尼西亚（爪哇岛）、菲律宾、日本至大洋洲。模式标本采自日本。

【防治方法】 ①人工除草；②化学除草使用除草剂定向喷雾（1.5%草甘膦、茅草枯等）；③结合种植绿肥覆盖地表，进行综合治理。

5.2.5 狗牙根

狗牙根（*Cynodon dactylon*），别称绊根草、爬根草、咸沙草、铁线草，隶属于植物界被子植物门单子叶植物纲禾本目禾本科（Poaceae）狗牙根属（*Cynodon*）。

【危害特点】发生期长，生活力强，繁殖迅速，蔓延快，成片生长，侵袭性强，高密度，不怕践踏，危害较重。

【识别特征】秆细而坚韧，下部匍匐地面蔓延甚长，节上常生不定根，直立部分高10~30cm，叶鞘微具脊，无毛或有疏柔毛，鞘口常具柔毛；叶舌仅为一轮纤毛；叶片线形，长1~12cm，宽1~3mm，通常两面无毛。穗状花序，小穗灰绿色或带紫色，长2~2.5mm，仅含1小花，颖果长圆柱形。

【繁育规律】低矮草本，具根茎。种子量少，主要以匍匐茎进行繁殖，耐践踏能力、再生能力及繁殖能力很强，花果期5~10月。

【地理分布】多生长于村庄附近、道旁河岸、荒地山坡。广布于我国黄河以南各省（自治区、直辖市），近年北京附近已有栽培。世界温暖地区均有分布。

【防治方法】①人工除草；②化学除草使用除草剂定向喷雾（草甘膦、茅草枯、吡氟禾草灵）；③结合种植绿肥覆盖地表，进行综合治理。

5.2.6 雀稗

雀稗（*Paspalum thunbergii*），隶属于植物界被子植物门单子叶植物纲禾本目禾本科（Poaceae）雀稗属（*Paspalum*）。

【危害特点】生活力强，繁殖迅速，蔓延快，侵占地上、地下大量空间，与稻株争夺光、温、水、肥，从而干扰植株的生长发育。

【识别特征】秆直立，丛生，高50～100cm，节被长柔毛。叶鞘具脊，长于节间，被柔毛；叶舌膜质，长0.5～1.5mm；叶片线形，长10～25cm，宽5～8mm，两面被柔毛。总状花序3～6个，长5～10cm，互生于长3～8cm的主轴上，形成总状圆锥花序，分枝腋间具长柔毛。

【繁育规律】多年生草本。主要以种子进行繁殖，可以通过自然风力、雨水、动物啃食进行传播繁殖。花果期较长，1年可收种子2次。

【地理分布】生于荒野潮湿草地。产于我国江苏、浙江、台湾、福建、江西、湖北、湖南、四川、贵州、云南、广西、广东等省（自治区）。日本、朝鲜均有分布。

【防治方法】①人工除草；②化学除草使用除草剂定向喷雾（吡氟禾草灵、高效盖草能、精喹禾灵等）；③结合种植绿肥覆盖地表，进行综合治理。

5.2.7 双穗雀稗

双穗雀稗（*Paspalum paspaloides*），别称红拌根草、过江龙、游草、游水筋，隶属于植物界被子植物门单子叶植物纲禾本目禾本科（Poaceae）雀稗属（*Paspalum*）。

【危害特点】多年生杂草，在长江流域及其以南各省（自治区），主要危害水田及秋收旱作物。常呈单一的群落。生长势很强，很难消除。它是叶蝉、飞虱的越冬寄主。

【识别特征】叶鞘短于节间，背部具脊，边缘或上部被柔毛；叶舌长2～3mm，无毛；叶片披针形，无毛。总状花序2枚对连，小穗倒卵状长圆形，顶端尖，疏生微柔毛；第一颖退化或微小；第二颖贴生柔毛，具明显的中脉，通常无毛，顶端尖；第二外稃草质，等长于小穗，黄绿色，顶端尖，被毛。

【繁育规律】主要以根茎和匍匐茎繁殖，种子也能作远途传播。匍匐茎实心，每个芽都可以长成新枝，繁殖竞争力极强，蔓延迅速。于4月初匍匐茎芽萌发，6～8月生长最快，并产生大量分枝。花果期5～9月。

【地理分布】生于田边路旁。产于我国江苏、台湾、湖北、湖南、云南、广西、海南等省（自治区）。世界热带、亚热带地区均有分布。

【防治方法】①机械旋耕除草。将双穗雀稗等无性繁殖杂草压（埋）入深层泥土内，控制杂草出苗。②人工拔除。在经旋（翻）耕及秒田、整田后，手工清除田埂及田边的双穗雀稗茎节，将其移到田外晒干销毁，减少繁殖茎节基数；在水稻幼苗分蘖期，人工拔除萌发成苗的双穗雀稗茎节，并带到田外集中晒干销毁；加强田面平整，减少田块高处双穗雀稗的萌发出苗造成危害。③轮作换茬结合化学除草。

5.2.8 巴拉草

巴拉草（*Brachiaria mutica*），别称钝叶臂形草，隶属于植物界被子植物门单子叶植物纲禾本目禾本科（Poaceae）臂形草属（*Brachiaria*）。

【危害特点】巴拉草的侵占性强，蔓延性较好，能抑制作物、其他杂草灌木等生长，影响农业生产。

【识别特征】多年生草本，高1.5～2.5m。秆粗壮，节上有毛。巴拉草叶鞘长11～14cm，无毛或鞘口有毛；叶舌长约0.8mm；叶片扁平，长约30cm，宽1.5～2cm，两面光滑，基部或边缘多少有毛。圆锥花序长约20cm，由10～15枚总状花序组成；总状花序长5～10cm；小穗长约3.2mm；第一颖长约1mm，具1脉；第二颖等长于小穗，具5脉；第一小花雄性，其外稃长约3mm，具5脉，有近等长的内稃；第二外稃长约2.5mm，骨质。

【繁育规律】多年生牧草，以种子和匍匐茎进行繁殖。

【地理分布】常生于稻田，喜欢肥沃潮湿的土壤。我国台湾引种栽培用作牧草。1964年引入我国海南试种，广东、广西都有栽培。分布于美国、印度，非洲及热带许多地区。

【防治方法】①人工除草；②化学除草使用除草剂定向喷雾（莠去津、敌草隆、甲嘧磺隆、双草醚、氰氟草酯、精喹禾灵、吡氟禾草灵）；③结合种植绿肥覆盖地表，进行综合治理。

5.2.9 臂形草

臂形草（*Brachiaria eruciformis*），隶属于植物界被子植物门单子叶植物纲禾本目禾本科（Poaceae）臂形草属（*Brachiaria*）。

【危害特点】生长在轮作田、多年生作物田和水湿环境，危害轻。

【识别特征】一年生草本，高30～40cm。秆纤细，基部倾斜，节上生根，多分枝，节带具白柔毛。叶鞘无毛或鞘缘疏生疣毛；叶舌退化成一圈白色繸毛；叶片线状披针形，扁平、内卷，边缘齿状粗糙，密生脱落性细毛。圆锥花序由4或5枚总状花序组成，总状花序长5～12cm；穗轴被纤毛，棱边粗糙；小穗卵形，被纤毛，具长约0.2mm的柄；第一颖长0.2～0.3mm，膜质，无毛，顶端下凹；第二颖与小穗等长，具5脉，第一外稃与第二颖同形，具5脉，内稃狭窄；第二外稃长圆形，坚硬、光滑，边缘稍内卷，包着同质的内稃。

【繁育规律】一年生草本。生长在轮作田、多年生作物田和旱田，危害轻。夏初抽穗，种子繁殖。

【地理分布】生于山坡草地或旱田中。分布于我国贵州、福建、云南。地中海，经非洲北部至印度也有分布。

【防治方法】①人工除草；②化学除草使用除草剂定向喷雾（草甘膦、茅草枯、吡氟禾草灵）；③结合种植绿肥覆盖地表，进行综合治理。

5.2.10 珊状臂形草

珊状臂形草（*Brachiaria brizantha*），别称旗草，隶属于植物界禾本科（Poaceae）臂形草属（*Brachiaria*）。

【危害特点】适于在热带地区的各类土壤上生长，耐酸性瘦土，侵占性强。耐火烧，火烧后2个月即可完全恢复生长。

【识别特征】一年生半匍匐型草本植物，具

根状茎，秆匍匐或斜升，单株生长幅度达2.5～3m，穗状总状花序，花期长。

【繁育规律】一年生半匍匐型草本植物，可通过种子和根状茎进行繁殖，5月开始抽穗开花，8～9月为盛花期，11月停止开花。

【地理分布】生长在年降雨量超过750mm、热带干草原的林地边缘，原产于非洲的热带地区，我国海南、广东、广西等省（自治区）已引种栽培。现世界热带地区都有栽培。

【防治方法】①人工除草；②化学除草使用除草剂定向喷雾（莠去津、敌草隆、甲嘧磺隆、双草醚、氰氟草酯、精喹禾灵、吡氟禾草灵）；③结合种植绿肥覆盖地表，进行综合治理。

5.2.11　稗

稗（*Echinochloa crusgalli*），别称稗，隶属于植物界被子植物门单子叶植物纲禾本目禾本科（Poaceae）稗属（*Echinochloa*）。

【危害特点】稗长在稻田、沼泽、沟渠旁、低洼荒地，与禾本科作物共同吸收养分，影响作物生长。

【识别特征】稗和稻子外形极为相似。秆直立，基部倾斜或膝曲，光滑无毛。叶鞘松弛，下部者长于节间，上部者短于节间；无叶舌；叶片无毛。圆锥花序主轴具角棱，粗糙；小穗密集于穗轴的一侧，具极短柄或近无柄；第一颖三角形，基部包卷小穗，长为小穗的1/3～1/2，具5脉，被短硬毛或硬刺疣毛，第二颖先端具小尖头，具5脉，脉上具刺状硬毛，脉间被短硬毛；第一外稃草质，上部具7脉，先端延伸成一粗壮芒，内稃与外稃等长。形状似稻但叶片毛涩，颜色较浅。稗与稻子共同吸收稻田里的养分，因此稗属于恶性杂草。稗在较干旱的土地上，茎亦可分散贴地生长。

【繁育规律】一年生草本；主要以种子进行繁殖，可以通过自然风力、雨水、动物啃食进行传播繁殖。花果期7～10月。

【地理分布】多生于沼泽地、沟边及水稻田。分布几乎遍及我国。世界温暖地区都有分布。

【防治方法】①人工除草，手拔稗；②化学防治，使用除草剂定向喷雾（草甘膦、氰氟草酯）。

5.2.12 棒头草

棒头草（*Polypogon fugax*），隶属于植物界被子植物门单子叶植物纲禾本目禾本科（Poaceae）棒头草属（*Polypogon*）。

【危害特点】夏熟作物田常见杂草，小麦、油菜、绿肥、蔬菜和果树等地块发生量大。为小麦长管蚜的寄主。

【识别特征】一年生。秆丛生，基部膝曲，大都光滑，高10～75cm。叶鞘光滑无毛，大都短于或下部者长于节间；叶舌膜质，长圆形，常2裂或顶端具不整齐的裂齿；叶片扁平，微粗糙或下面光滑。圆锥花序穗状，长圆形或卵形，较疏松，具缺刻或有间断，分枝长可达4cm；小穗长约2.5mm（包括基盘），灰绿色或部分带紫色；颖长圆形，疏被短纤毛，先端2浅裂，芒从裂口处伸出，细直，微粗糙；外稃光滑，先端具微齿，中脉延伸成长约2mm而易脱落的芒；雄蕊3，花药长0.7mm。颖果椭圆形，1面扁平。农田常见杂草。

【繁育规律】一年生草本，种子繁殖，以幼苗或种子越冬。花果期4～9月。

【地理分布】生于海拔100～3600m的山坡、田边、潮湿处。产于我国南北各地。在朝鲜、日本、俄罗斯、印度、不丹、缅甸等国也有分布。

【防治方法】因地制宜地合理轮作，减少棒头草发生量。清除沟、渠、路边杂草，降低草籽进入农田数量。用异丙隆、麦草净进行土壤处理。麦田使用异丙隆、利谷隆等除草剂。果园使用西马津、敌草隆等除草剂。蔬菜地用异丙隆等除草剂。

5.2.13 看麦娘

看麦娘（*Alopecurus aequalis*），别称山高粱，隶属于植物界被子植物门单子叶植物纲禾本目禾本科（Poaceae）看麦娘属（*Alopecurus*）。

【危害特点】影响作物产量，是麦田常见杂草。

【识别特征】一年生。秆少数丛生，细瘦，光滑，节处常膝曲，高15~40cm。叶鞘光滑，短于节间；叶舌膜质，长2~5mm；叶片扁平，长3~10cm，宽2~6mm。圆锥花序圆柱状，灰绿色，长2~7cm，宽3~6mm；小穗椭圆形或卵状长圆形，长2~3mm；颖膜质，基部互相连合，具3脉，脊上有细纤毛，侧脉下部有短毛；外稃膜质，先端钝，等长或稍长于颖，下部边缘互相连合，芒长1.5~3.5mm，约于稃体下部1/4处伸出，隐藏或稍外露；花药橙黄色，长0.5~0.8mm。颖果长约1mm。

【繁育规律】一年生草本，通过种子进行繁殖，花果期4~8月。

【地理分布】分布于我国大部分省（自治区），在欧亚大陆的寒温和温暖地区与北美也有分布。

【防治方法】①农业防治。第一，播种作物前对潮湿田块进行深沟排水，或进行掺沙改造，增加土壤通透性，降低地下水位，可抑制看麦娘的发生量；第二，播种时及时翻耕，可将大量看麦娘幼苗翻入土中致死；第三，在栽培条件允许时可人工除草。②化学防治。化学防治应抓住作物播后芽前和二叶一心两个时期施药。

5.2.14 狼尾草

狼尾草（*Pennisetum alopecuroides*），别称狗尾巴草、狗仔尾、老鼠狼、芮草，隶属于植物界被子植物门单子叶植物纲禾本目禾本科（Poaceae）狼尾草属（*Pennisetum*）。

【危害特点】多生于果、桑、茶园。发生量较大，危害较重且较难防除，主要危害苗圃地作物。影响作物生长和产量。

【识别特征】多年生。须根较粗壮。秆直立，丛生，高30～120cm，在花序下密生柔毛。叶鞘光滑，两侧压扁，主脉呈脊，在基部者跨生状，秆上部者长于节间；叶舌具长约2.5mm纤毛；叶片线形，先端长渐尖，基部生疣毛。圆锥花序直立；主轴密生柔毛；总梗长2～3（～5）mm；刚毛粗糙，淡绿色或紫色；小穗通常单生，偶有双生，线状披针形，长5～8mm；第一颖微小或缺，膜质，先端钝，脉不明显或具1脉；第二颖卵状披针形，先端短尖，具3～5脉，长为小穗的1/3～2/3；第一小花中性，第一外稃与小穗等长，具7～11脉；第二外稃与小穗等长，披针形，具5～7脉，边缘包着同质的内稃；鳞被2，楔形；雄蕊3，花药顶端无毫毛；花柱基部联合。颖果长圆形。叶片上下表皮细胞结构不同；上表皮脉间细胞2～4行为长筒状、有波纹、壁薄的长细胞；下表皮脉间5～9行为长筒形、壁厚、有波纹的长细胞与短细胞交叉排列。

【繁育规律】多年生草本，用种子繁殖。由于种子小，幼芽顶土能力差，整地的好坏对它出苗影响很大。

【地理分布】多生于海拔50～3200m的田岸、荒地、道旁及小山坡。我国自东北、华北经华东、中南至西南各省（自治区）均有分布。日本、印度、朝鲜、缅甸、巴基斯坦、越南、菲律宾、马来西亚，以及大洋洲和非洲也有分布。

【防治方法】物理除草。最常用的是利用地膜覆盖，提高地膜和土表温度，烫死杂草幼苗，或抑制杂草生长。此外，利用犁、耙、中耕机等农具，在不同时间和季节进行耕作，对杂草有杀除作用。

5.2.15 筒轴茅

筒轴茅（*Rottboellia exaltata*），隶属植物界被子植物门单子叶植物纲禾本目禾本科（Poaceae）筒轴茅属（*Rottboellia*）。

【危害特点】属于恶性杂草。严重危害经济作物，影响产量。

【识别特征】须根粗壮，常具支柱根。秆直立，高可达2m，亦可低矮丛生，直径可达8mm，无毛。叶鞘具硬刺毛或变无毛；叶舌上缘具纤毛；叶片线形，中脉粗壮，无毛或上面疏生短硬毛，边缘粗糙。总状花序粗壮直立，上部渐尖；总状花序轴节间肥厚。无柄小穗嵌生于凹穴中，第一颖质厚，卵形；第二颖质较薄，舟形；第一小花花药常较第二小花的短小而色深；第二小花花药黄色；雌蕊柱头紫色。颖果长圆状卵形。

【繁育规律】一年生粗壮草本，以种子进行繁殖，花果期秋季。

【地理分布】多生于田野、路旁草丛中。产于我国福建、台湾、广东、广西、四川、贵州、云南等省（自治区）。非洲热带地区、亚洲、大洋洲也有分布。

【防治方法】①人工除草；②使用化学除草剂除草（草甘膦）；③结合种植绿肥覆盖地表，进行综合治理。

5.2.16 三芒草

三芒草（*Aristida adscensionis*），别称三枪茅，隶属于植物界被子植物门单子叶植物纲禾本目禾本科（Poaceae）三芒草属（*Aristida*）。

【危害特点】繁殖快，常见于山坡田间，危害田间作物。

【识别特征】一年生。须根坚韧，有时具砂套。秆具分枝，丛生，光滑，直立或基部膝曲，高15～45cm。叶片纵卷，长3～20cm。圆锥花序狭窄或疏松，长4～20cm；分枝细弱，单生，多贴生或斜向上升；小穗灰绿色或紫色；颖膜质，具1脉，披针形，脉上粗糙，两颖稍不等长，第一颖长4～6mm，第二颖长5～7mm；外稃明显长于第二颖，长7～10mm，具3脉，中脉粗糙，背部平滑或稀粗糙，基盘尖，被长约1mm的柔毛，芒粗糙，主芒长1～2cm，两侧芒稍短；内稃长1.5～2.5mm，披针形；鳞被2，薄膜质，长约1.8mm；花药长1.8～2mm。

【繁育规律】一年生植物，前一年播下的种子，当年春雨好时，在4月下旬至5月出苗，6月上、中旬可孕穗，中、下旬抽穗、开花，6月下旬至8月结果，9～10月落果、枯黄。

【地理分布】生长在海拔300～1800m的山坡、黄土坡、河滩沙地及石隙内。分布于我国东北南部、河北、山东、山西、河南、江苏北部、陕西、甘肃、青海、宁夏、新疆、内蒙古（各盟）、北京。土耳其、伊朗、蒙古国、美国（西部），以及北非、欧洲东部、中亚也有分布。

【防治方法】①人工除草；②化学除草使用除草剂定向喷雾（吡氟禾草灵、高效氟吡甲禾灵、精喹禾灵等）；③结合种植绿肥覆盖地表，进行综合治理。

5.2.17 石茅

石茅（*Sorghum halepense*），别称亚剌伯高粱、琼生草、詹森草、假高粱，隶属于植物界被子植物门单子叶植物纲禾本目禾本科（Poaceae）高粱属（*Sorghum*）。

【危害特点】石茅作为一种入侵物种，排挤环境中的原生种，破坏当地生态平衡。

【识别特征】有根状茎。秆直立。叶宽线形至线状披针形，先端长渐尖，基部渐狭，无毛，边缘粗糙。圆锥花序分枝近轮生，无柄小穗椭圆形，成熟时为淡黄色或带淡紫色，基盘被短毛。两颖近革质。

【繁育规律】多年生禾草，种子或根茎繁殖。

【地理分布】野生于我国海南、台湾、广东和广西等省（自治区），安徽、江苏等省已引种成功，在秦岭至淮河一线以南的亚热带地区均可种植。

【防治方法】①加强植物检疫工作。对进口粮食必须严格实施检疫，内检、外检密切配合，有关部门各负其责。疫粮要集中统一加工，清理仓储地，下脚料集中烧毁，杜绝新种源传入。②人工挖除。对现有的石茅，小点片的一年生、二年生实生苗，根系尚不发达，可用人工挖除。人工挖除必须注意以下几点：一是挖除范围，应根据植株分布范围外扩1m左右；二是每个根茎都有根尖，人工挖除要挖深挖透；三是挖出的根茎及植株要集中晒干烧毁，防止传播；四是挖除后要定期复查。③化学防除。点片面积较大，地下根茎发达，影响公路地基、危害交通安全，需化学防控。试验证明，20%森草净可湿粉、10%草甘膦水剂效果较为理想。20%森草净可湿粉，每平方米用0.6g，株防效达97%。10%草甘膦水剂，每平方米用3.5ml喷雾，株防效达97.4%～100%。

5.2.18 酸模芒

酸模芒（*Centotheca lappacea*），别称假淡竹叶、山鸡谷，隶属于植物界被子植物门单子叶植物纲禾本目禾本科（Poaceae）酸模芒属（*Centotheca*）。

【危害特点】生于林下、林缘和山谷蔽阴处。会与作物竞争资源，影响作物正常生长和发育。

【识别特征】具短根状茎。秆直立。叶鞘平滑，一侧边缘具纤毛；叶舌干膜质，叶片长椭圆状披针形，具横脉，上面疏生硬毛，顶端渐尖，基部渐窄，呈短柄状或抱茎。圆锥花序，分枝斜升或开展，雄蕊2枚。颖果椭圆形。胚长为果体的1/3。花果期6～10月。

【繁育规律】多年生禾草。主要以种子进行繁殖，可以通过自然风力、雨水、动物啃食进行传播繁殖。花果期6～10月。

【地理分布】国内产于台湾、福建、广东、海南、云南、广西、香港。国外分布于印度、泰国、马来西亚和非洲、大洋洲。模式标本采自印度。

【防治方法】①人工除草；②化学除草使用除草剂定向喷雾（莠去津、敌草隆、甲嘧磺隆、吡氟禾草灵）；③结合种植绿肥覆盖地表，进行综合治理。

5.2.19 台湾虎尾草

台湾虎尾草（*Chloris formosana*），隶属于植物界被子植物门单子叶植物纲禾本目禾本科（Poaceae）虎尾草属（*Chloris*）。

【危害特点】一般性杂草。危害木薯、果桑及茶园等旱田作物，但发生量小，危害轻，是常见杂草。

【识别特征】秆直立或基部伏卧地面而于节处生根并分枝；高20～70cm，直径约3mm，光滑无毛。叶鞘两侧压扁，背部具脊，无毛；叶舌长0.5～1mm，无毛；叶片线形，长可达20cm，宽可达7mm，两面无毛或在近鞘口处偶有疏柔毛。穗状花序4～11枚，长3～8cm，穗轴被微柔毛；小穗长2.5～3mm，含1孕性小花及2不孕小花；第一颖三角钻形，长1～2mm，具1脉，被微毛；第二颖长椭圆状披针形，膜质，长2～3mm，先端常具2～3mm短芒或无芒；第一小花两性，与小穗近等长，倒卵状披针形，外稃纸质，具3脉，侧脉靠近边缘，被稠密白色柔毛，上部之毛甚长而向下渐变短；芒长4～6mm；内稃倒长卵形，透明膜质，先端钝，具2脉；第二小花有内稃，长约1.5mm，上缘平钝，宽约1mm，具4mm左右的芒；第三小花仅存外稃，偏倒梨形，具长约2mm的芒；不孕小花之间的小穗轴长0.6～0.7mm，明显可见。颖果纺锤形，长约2mm，胚长约为颖果的3/4。

【繁育规律】一年生草本，主要以种子进行繁殖，花果期8～10月。

【地理分布】分布于我国福建、台湾及广东沿海诸岛。

【防治方法】①人工除草；②化学除草使用除草剂定向喷雾（莠去津、敌草隆、甲嘧磺隆、吡氟禾草灵）；③结合种植绿肥覆盖地表，进行综合治理。

5.2.20 虎尾草

虎尾草（*Chloris virgata*），别称棒槌草、刷子头、盘草，隶属于植物界被子植物门单子叶植物纲禾本目禾本科（Poaceae）虎尾草属（*Chloris*）。

【危害特点】生于农田、荒地、河岸沙地、路旁或村庄附近，是旱田作物及其周边较常见的杂草。沙壤土居多。

【识别特征】一年生草本。秆直立或基部膝曲，高12~75cm，直径1~4mm，光滑无毛。叶鞘背部具脊，包卷松弛，无毛；叶舌长约1mm，无毛或具纤毛；叶片线形，长3~25cm，宽3~6mm，两面无毛或边缘及上面粗糙。穗状花序5枚至10余枚，长1.5~5cm，指状，着生于秆顶，常直立而并拢成毛刷状，有时包藏于顶叶的膨胀叶鞘中，成熟时常带紫色；小穗无柄，长约3mm；颖膜质，1脉；第一颖长约1.8mm，第二颖等长或略短于小穗，中脉延伸成长0.5~1mm的小尖头；第一小花两性，外稃纸质，两侧压扁，呈倒卵状披针形，长2.8~3mm，3脉，沿脉及边缘被疏柔毛或无毛，两侧边缘上部1/3处有长2~3mm的白色柔毛，顶端尖或有时具2微齿，芒自背部顶端稍下方伸出，长5~15mm；内稃膜质，略短于外稃，具2脊，脊上被微毛；基盘具长约0.5mm的毛；第二小花不孕，长楔形，仅存外稃，长约1.5mm，顶端截平或略凹，芒长4~8mm，自背部边缘稍下方伸出。颖果纺锤形，淡黄色，光滑无毛而半透明，胚长约为颖果的2/3。

【繁育规律】种子繁殖。5月初萌发幼苗，5月中下旬出现高峰，以后随降雨或灌溉出现1~2个高峰，6~7月仍屡见幼苗发生。花果期为7~10月。种子经冬眠后萌发。

【地理分布】多生长于路旁荒野、河岸沙地、土墙及房顶上。遍布我国各省（自治区、直辖市）。广泛分布于全球热带至温带均有分布，虎尾草的生存海拔可达3700m。

【防治方法】①人工除草；②化学除草使用除草剂定向喷雾（莠去津、敌草隆、甲嘧磺隆、双草醚、氰氟草酯、精喹禾灵、吡氟禾草灵）；③结合种植绿肥覆盖地表，进行综合治理。

5.2.21 光头稗

光头稗（*Echinochloa colonum*），别称苦稷、扒草、穇草，隶属于植物界被子植物门单子叶植物纲禾本目禾本科（Poaceae）稗属（*Echinochloa*）。

【危害特点】多生于田野、园圃、路边湿润地上。会与作物竞争资源，影响作物的正常生长和发育。

【识别特征】秆直立，叶鞘压扁而背具脊，无毛；叶舌缺；叶片扁平，线形，无毛，边缘稍粗糙。圆锥花序狭窄，主轴具棱，通常无疣基长毛，棱边上粗糙，排列稀疏，直立上升或贴向主轴，具小硬毛，无芒，较规则的呈4行排列于穗轴的一侧；第二外稃椭圆形，平滑，光亮，边缘内卷，包着同质的内稃；膜质。

【繁育规律】一年生草本，通过种子繁殖，花果期夏秋季。

【地理分布】产于我国河北、河南、安徽、江苏、浙江、江西、湖北、四川、贵州、福建、广东、广西、云南及西藏墨脱。分布于全世界的温暖地区。

【防治方法】麦田杂草防除。必须贯彻"预防为主，综合防除"的策略，把农业防除措施、人工除草和化学除草有机结合起来，形成一个综合治理体系。精选种子，严格检疫、轮作倒茬，施用充分腐熟的农家肥，合理耕作，加强田间管理。化学除草使用化学除草剂（二甲四氯、灭草松、巨星、百草敌、使它隆、西草净、溴苯腈、辛酰碘苯腈等）。

5.2.22 旱稗

旱稗（*Echinochloa hispidula*），隶属于植物界被子植物门单子叶植物纲禾本目禾本科（Poaceae）稗属（*Echinochloa*）。

【危害特点】为秋熟旱作物田杂草，多生长在土壤湿度较大的棉花、大豆、玉米等田地里，危害较严重。

【识别特征】一年生草本，秆高40～90cm。叶鞘平滑无毛；叶舌缺；圆锥花序狭窄，长5～15cm，宽1～1.5cm，分枝上不具小枝，有时中部轮生；小穗卵状书朝圆形，长4～6mm；第一颖三角形，长为小穗的1/2～2/3，基部包卷小穗；第二颖与小穗等长，具小尖头，有5脉，脉上具刚毛或有时具疣基毛，芒长0.5～1.5cm；第一小花通常中性，外稃草质，具7脉，内稃薄膜质，第二外稃革质，坚硬，边缘包卷同质的内稃。

【繁育规律】一年生草本，以种子进行繁殖，花果期7～10月。

【地理分布】生长于田野水湿处。分布于我国黑龙江、吉林、河北、山西、山东、甘肃、新疆、安徽、江苏、浙江、江西、湖南、湖北、四川、贵州、广东及云南。朝鲜、日本、印度也有分布。

【防治方法】用禾草克、乙草胺等除草剂防除。

5.2.23 画眉草

画眉草（Eragrostis pilosa），隶属于植物界被子植物门单子叶植物纲禾本目禾本科（Poaceae）画眉草属（Eragrostis）。

【危害特点】 生于荒芜田野草地上。分布几遍全国。主要为害玉米、大豆、花生、棉花等秋熟旱作物。发生量较小，危害轻。

【识别特征】 叶鞘松裹茎，长于或短于节间，扁压，鞘缘近膜质，鞘口有长柔毛；叶舌为一圈纤毛，长约0.5mm；叶片线形扁平或卷缩，长6～20cm，宽2～3mm，无毛。圆锥花序开展或紧缩，长10～25cm，宽2～10cm，分枝单生、簇生或轮生，多直立向上，腋间有长柔毛，小穗具柄，长3～10mm，宽1～1.5mm，含4～14小花；颖为膜质，披针形，先端渐尖。第一颖长约1mm，无脉，第二颖长约1.5mm，具1脉；第一外稃长约1.8mm，广卵形，先端尖，具3脉；内稃长约1.5mm，稍作弓形弯曲，脊上有纤毛，迟落或宿存；雄蕊3枚，花药长约0.3mm。颖果长圆形，长约0.8mm。

【繁育规律】 一年生草本，以种子进行繁殖，花果期8～11月。

【地理分布】 多生于荒芜田野草地。产于我国各地。分布于世界温暖地区。

【防治方法】 ①人工除草结合农事活动，在杂草萌发后或生长时期直接进行人工拔除或铲除，或结合中耕、施肥等农耕措施剔除杂草；②化学除草使用除草剂定向喷雾；③利用覆盖、遮光等原理，用塑料薄膜覆盖或播种其他作物（或草种）等方法进行除草。

5.2.24 蒺藜草

蒺藜草（*Cenchrus echinatus*），隶属于植物界被子植物门双子叶植物纲禾本目禾本科（Poaceae）蒺藜草属（*Cenchrus*）。

【危害特点】为花生、甘薯等多种作物地和果园中的一种危害严重的杂草，侵入裸露的或新开垦的土地后，能很快扩充占领空隙；还是热带牧场中的有害杂草，其刺苞可刺伤人和动物的皮肤，混在饲料或牧草里能刺伤动物的眼睛、口和舌头。刺苞具多数微小的倒刺，可附着在衣服、动物皮毛和货物上传播，种子常在刺苞内萌发。

【识别特征】一年生草本植物。秆高约50cm，基部膝曲或横卧地面而于节处生根，下部节间短且常具分枝。叶片线形或狭长披针形，质较软，上面近基部疏生长约4mm的长柔毛或无毛；总状花序直立；鳞被缺如；花药长约1mm，顶端无毫毛；柱头帚刷状，长约3mm；颖果椭圆状扁球形，长2～3mm，背腹压扁，种脐点状，胚为果长的1/2～2/3。

【繁育规律】一年生草本，通过种子繁殖，在潮湿的热带地区终年都开花，花果期夏季。

【地理分布】多生于干热地区临海的沙质土草地。产于我国海南、台湾、云南南部。日本、印度、缅甸、巴基斯坦也有分布。

【防治方法】①人工除草；②化学除草使用除草剂定向喷雾（莠去津、敌草隆、甲嘧磺隆、双草醚、氰氟草酯、精喹禾灵、吡氟禾草灵）；③结合种植绿肥覆盖地表，进行综合治理。

5.2.25 假俭草

假俭草（*Eremochloa ophiuroides*），别称爬根草，隶属于植物界被子植物门双子叶植物纲禾本目禾本科（Poaceae）蜈蚣草属（*Eremochloa*）。

【危害特点】本种匍匐茎强壮，蔓延力强而迅速。

【识别特征】多年生草本，具强壮的匍匐茎。秆斜升，高约20cm。叶鞘压扁，多密集跨生于秆基，鞘口常有短毛；叶片条形，顶端钝，无毛，顶生叶片退化。总状花序顶生，稍弓曲，压扁，总状花序轴节间具短柔毛。无柄小穗长圆形，覆瓦状排列于总状花序轴一侧；第一颖硬纸质，无毛，5～7脉，两侧下部有篦状短刺或几无刺，顶端具宽翅；第二颖舟形，厚膜质，3脉；第一外稃膜质，近等长；第二小花两性，外稃顶端钝；花药长约2mm；柱头红棕色。有柄小穗退化或仅存小穗柄，披针形，与总状花序轴贴生。

【繁育规律】多年生草本。入冬种子成熟落地有一定自播能力，故可用种子直播；无性繁殖能力也很强，习惯采用移植草块和埋植匍匐茎的方法进行建植。花果期夏秋季。

【地理分布】生于潮湿草地及河岸、路旁。产于我国江苏、浙江、安徽、湖北、湖南、福建、台湾、广东、广西、贵州等省（自治区）。中南半岛也有分布。

【防治方法】①人工除草；②化学除草使用除草剂定向喷雾（莠去津、敌草隆、甲嘧磺隆、双草醚、氰氟草酯）；③结合种植绿肥覆盖地表，进行综合治理。

5.2.26 金色狗尾草

金色狗尾草（*Setaria glauca*），别称山天文草、散血草、雨伞草、金纽扣、大黄花、黄花苦草、苦草、过海龙、山骨皮、黑节关，隶属于植物界被子植物门单子叶植物纲禾本目禾本科（Poaceae）狗尾草属（*Setaria*）。

【危害特点】生长于旱作物地、田边、路旁和荒芜的园地及荒野，为秋熟旱作地的常见杂草，有时入侵直播稻田，在果、桑、茶园危害严重，路旁、荒野则发生量大。

【识别特征】单生或丛生。秆直立或基部倾斜膝曲，近地面节可生根，高20～90cm，光滑无毛，仅花序下面稍粗糙。圆锥花序紧密呈圆柱状或狭圆锥状，直立，主轴具短细柔毛，刚毛金黄色或稍带褐色，粗糙，先端尖，通常在一簇中仅具一个发育的小穗；鳞被楔形；花柱基部联合；叶上表皮脉间均为无波纹的或微波纹的、有角棱的壁薄的长细胞，下表皮脉间均为有波纹的、壁较厚的长细胞，并有短细胞。

【繁育规律】一年生草本，通过种子繁殖，花果期6～10月。

【地理分布】生长在林边、山坡、路边和荒芜的园地及荒野。我国各地均有分布。分布于欧亚大陆的温暖地带；美洲和澳大利亚等地有引种。

【防治方法】①农业防治。第一，对于新开田地要注意清洁播种材料，严格清选防止随播种材料传入草籽。第二，注意施用腐熟粪肥，有机肥应以50～70℃高温堆沤2～3周，杀死金色狗尾草种子。注意灌水清洁，河渠、塘边常长有大量金色狗尾草，种子落入水中，随水入田，造成危害，应设法将其种子清除。第三，清除地块周围、路旁、田埂的金色狗尾草，减少草籽来源。播前浅耕，苗期中耕，防治金色狗尾草；秋季深翻土地，埋掉草籽，或播前灌水，诱发草籽发芽而灭之。通过人工除草消灭金色狗尾草，需遵循除早、除小、除了的原则，及时消灭之。第四，利用地膜、有机物、砾石等物覆盖、遮光，也可消灭金色狗尾草。②化学防治使用化学除草剂（草甘膦、吡氟禾草灵、茅草枯）。

5.2.27 大黍

大黍（*Panicum maximum*），隶属于植物界被子植物门单子叶植物纲禾本目禾本科（Poaceae）黍亚科黍属（*Panicum*）。

【危害特点】常见于荒野路旁。在台湾和香港已成为常见杂草。耐长期干旱，在炎热、湿润、年降水量大于1000mm的热带地区生长良好，但不耐寒。

【识别特征】根茎肥壮。秆直立，高可达3m；节上密生柔毛；叶片宽线形，硬，上面近基部被疣基硬毛；圆锥花序大而开展，分枝纤细，下部的轮生；小穗长圆形，顶端尖；无毛；第一颖卵圆形，顶端尖，第二颖椭圆形，与小穗等长，顶端喙尖；花丝极短，白色；花药暗褐色，鳞被局部增厚，肉质，折叠。

【繁育规律】大黍对环境适应力强，且落地种子来年能大量萌发，8～10月开花结果。生长期长，发育周期短，可为栽种、取材和研究提供极大的方便。

【地理分布】常生于路旁、田野、荒地、农田边。我国广东、台湾等地有栽培。广布于全球其他热带和亚热带地区。

【防治方法】①人工除草；②化学除草使用除草剂定向喷雾，在枝节抽穗期采用草甘膦、茅草枯等除草剂，进行叶面喷雾；③结合种植绿肥覆盖地表，进行综合治理。

5.2.28　淡竹叶

淡竹叶（*Lophatherum gracile*），别称山鸡米、竹叶、迷身草、碎骨子、竹叶麦冬，隶属于植物界被子植物门单子叶植物纲禾本目禾本科（Poaceae）假淡竹叶亚科淡竹叶属（*Lophatherum*）。

【危害特点】淡竹叶会与作物争夺养分、水分和阳光，影响作物的正常生长。

【识别特征】具木质根。须根中部膨大呈纺锤形小块根。秆直立，疏丛生，高40～80cm，具5或6节。叶鞘平滑或外侧边缘具纤毛；叶舌质硬，长0.5～1mm，褐色，背有糙毛；叶片披针形，长6～20cm，宽1.5～2.5cm，具横脉，有时被柔毛或疣基小刺毛，基部收窄成柄状。圆锥花序长12～25cm，分枝斜升或开展，长5～10cm；小穗线状披针形，长7～12mm，宽1.5～2mm，具极短柄；颖顶端钝，具5脉，边缘膜质，第一颖长3～4.5mm，第二颖长4.5～5mm；第一外稃长5～6.5mm，宽约3mm，具7脉，顶端具尖头，内稃较短，其后具长约3mm的小穗轴；不育外稃向上渐狭小，互相密集包卷，顶端具长约1.5mm的短芒；雄蕊2枚。

【繁育规律】多年生草本。淡竹叶多为野生，少见栽培。人工繁殖，籽播、分株皆可。

【地理分布】生于山坡、林地或林缘、道旁蔽荫处。产于我国江苏、安徽、浙江、江西、福建、台湾、湖南、广东、广西、四川、云南。印度、斯里兰卡、缅甸、马来西亚、印度尼西亚、日本、新几内亚岛均有分布。

【防治方法】①人工除草；②化学除草使用除草剂定向喷雾（莠去津、敌草隆、甲嘧磺隆、吡氟禾草灵）；③结合种植绿肥覆盖地表，进行综合治理。

5.2.29　地毯草

地毯草（*Axonopus compressus*），别称地毡草、野地毯草、大叶油草，隶属于植物界被子植物门单子叶植物纲禾本目禾本科（Poaceae）黍亚科地毯草属（*Axonopus*）。

【危害特点】地毯草的种子及匍匐枝均可繁殖，排挤本土植物成为农田果园杂草，影响作物生长和生物多样性。

【识别特征】长匍匐枝。秆压扁，高可达60cm；叶鞘松弛，压扁；叶片扁平，质地柔薄，两面无毛或上面被柔毛。总状花序，呈指状排列在主轴上；小穗长圆状披针形，第一颖缺；第二颖与第一外稃等长或第二颖稍短；第一内稃缺；第二外稃革质；花柱基分离，柱头羽状，白色。

【繁育规律】多年生草本。主要用根蘖繁殖，极易成活，株行距50cm×50cm；用种子繁殖时，要求整地精细，播种季节以夏初或夏末为宜，撒播、条播均可，播种后用滚筒滚压，无须盖土。每亩播种量约0.4kg。

【地理分布】生于荒野、路旁较潮湿处。我国台湾、广东、广西、云南见有。原产于美洲热带地区，世界热带、亚热带地区均有引种栽培。

【防治方法】①人工除草；②化学除草使用除草剂定向喷雾（莠去津、敌草隆、甲嘧磺隆、双草醚、氰氟草酯、精喹禾灵、吡氟禾草灵）；③结合种植绿肥覆盖地表，进行综合治理。

5.2.30 红毛草

红毛草（*Rhynchelytrum repens*），隶属于植物界被子植物门单子叶植物纲禾本目禾本科（Poaceae）红毛草属（*Rhynchelytrum*）。

【危害特点】红毛草具有很强的繁殖和适应能力，并容易通过人为途径进入新的生态系统而造成入侵危害。在美国佛罗里达州，佛罗里达州外来害虫植物委员会FLEPPC（Florida Exotic Pest Plant Council）已将红毛草列为Ⅰ级侵入种，红毛草入侵对该地区的生态系统造成了严重威胁。

【识别特征】秆直立，常分枝，高40～100cm，节间具疣毛，节具软毛。叶鞘松弛，下部红毛草散生疣毛；叶片线形，无毛，长达20cm，宽2～5mm。圆锥花序开展，长10～15cm，分枝长达8cm；小穗柄纤细，顶端稍膨大，疏生长柔毛；小穗两侧压扁，长约5mm，被粉红色长丝状毛；含2小花，仅第二小花结实；第一颖小，长为小穗的1/5，具1脉，被短硬毛；第二颖和第一外稃相似，具5脉，被疣基长绢毛，顶端微裂，裂齿间有1mm的细芒；花柱分离，柱头羽毛状。

【繁育规律】花果期6～11月。

【地理分布】作为一种观赏植物和牧草被广泛引种，在我国分布于台湾、福建、香港、广东、海南。世界热带地区均有分布。

【防治方法】①人工除草；②利用二甲四氯、百草敌、甲草胺、都尔、乙草胺、克草胺、毒草胺、杀草胺、安磺灵、利谷隆、灭草猛等除草剂。

5.2.31 钩毛草

钩毛草（*Pseudechinolaena polystachya*），隶属于植物界被子植物门单子叶植物纲禾本目禾本科（Poaceae）钩毛草属（*Pseudechinolaena*）。

【危害特点】钩毛草会与农作物争夺养料、水分、阳光和空间，这种竞争会影响农作物的正常生长和产量。

【识别特征】杆细弱，下部平卧地上，节上生根，被髭毛，下部节间疏生短毛，花枝上举，高40~80cm。叶鞘通常短于节间，松弛，边缘一侧密被纤毛；叶舌膜质，长1~2mm，先端撕裂，常被细纤毛；叶片扁平，质较薄，披针形，长2~8cm，宽6~12mm，无毛或疏生短硬毛，先端渐尖，基部圆楔形。圆锥花序狭窄，长5~15cm，具3~5总状分枝，分枝花序长2~4cm，花序轴具角棱；小穗长4~5mm，稀疏排列，小穗柄长1~2mm。

【繁育规律】以种子进行繁殖，花果期9~10月。

【地理分布】生长于山地疏林下。分布于我国福建、云南、广东、广西。亚洲热带地区、非洲和南美洲也有分布。

【防治方法】①人工除草；②化学除草使用除草剂定向喷雾（莠去津、敌草隆、甲嘧磺隆、双草醚、氰氟草酯、精喹禾灵、吡氟禾草灵）；③结合种植绿肥覆盖地表，进行综合治理。

5.2.32 千金子

千金子（*Leptochloa chinensis*），别称千两金、菩萨豆、续随子、联步、滩板救，隶属于植物界被子植物门单子叶植物纲禾本目禾本科（Poaceae）千金子属（*Leptochloa*）。

【危害特点】成株率高、总积温低、旱生喜湿、出草早、具萌发峰、生育期不同、分蘖能力强、单株产种量大、植株大、共生期长、对常用除草剂不敏感，生于水田、低湿旱田及地边。影响水稻产量。随着千金子植株密度增加，水稻产量呈明显下降趋势。

【识别特征】秆直立，基部膝曲或倾斜，高30～90cm，平滑无毛。叶鞘无毛，大多短于节间；叶舌膜质，长1～2mm，常撕裂具小纤毛；叶片扁平或多少卷折，先端渐尖，两面微粗糙或下面平滑。圆锥花序长10～30cm，分枝及主轴均微粗糙；小穗多带紫色，含3～7小花；花药长约0.5mm。颖果长圆球形，长约1mm。

【繁育规律】春夏发生型一年生禾本科杂草，种子属于越冬休眠型，种子落地后即进入越冬休眠，花果期8～11月。

【地理分布】生长于海拔200～1020m的潮湿之地。在我国分布于陕西、山东、江苏、安徽、浙江、台湾、福建、江西、湖北、湖南、四川、云南、广西、广东等省（自治区）。

【防治方法】①人工除草，反复多次清除较有效；②化学除草，使用除草剂定向喷雾（HPPD抑制剂、氰氟草酯等除草剂）；③结合种植绿肥覆盖地表，进行综合治理。

5.2.33 荩草

荩草（*Arthraxon hispidus*），别称绿竹、马耳草等，隶属于植物界被子植物门单子叶植物纲禾本目禾本科（Poaceae）荩草属（*Arthraxon*）。

【危害特点】生长于山坡、草地和阴湿处。为果园、桑园、茶园、苗圃常见杂草，发生量较大，危害较重。为水稻纹枯病的传播媒介。

【识别特征】秆细弱无毛，基部倾斜，分枝多节。叶鞘短于节间，有短硬疣毛；叶舌膜质，边缘具纤毛；叶片卵状披针形，除下部边缘生纤毛外，余均无毛。总状花序细弱，2～10个呈指状排列或簇生于秆顶，穗轴节间无毛，长为小穗的2/3～3/4，小穗孪生，有柄小穗退化成0.2～1mm的柄；无柄小穗长4～4.5mm，卵状披针形，灰绿色或带紫色；第一颖边缘带膜质，有7～9脉，脉上粗糙，先端钝；第二颖近膜质，与第一颖等长，舟形，具3脉，侧脉不明显，先端尖；第一外稃，长圆形，先端尖，长约为第一颖的2/3；第二外稃与第一外稃等长，近基部伸出1膝曲的芒，芒长6～9mm，下部扭转；雄蕊2，花黄色或紫色，长0.7～1mm。颖果长圆形，与稃体几等长。

【繁育规律】一年生草本，通过种子繁殖，花、果期8～11月。

【地理分布】生长于山坡、草地和阴湿处。全国均有分布。

【防治方法】①人工除草结合农事活动，在杂草萌发后或生长时期直接进行人工拔除或铲除，或结合中耕施肥等农耕措施剔除杂草；②化学除草使用除草剂定向喷雾（草甘膦、莠去津、敌草隆、甲嘧磺隆、双草醚）；③利用覆盖、遮光等原理，用塑料薄膜覆盖或播种其他作物（或草种）等方法进行除草。

5.2.34 象草

象草（*Pennisetum purpureum*），隶属于植物界被子植物门单子叶植物纲禾本目禾本科（Poaceae）狼尾草属（*Pennisetum*）。

【危害特点】适应性强，生长快，与作物竞争营养。

【识别特征】直立，高可达4m，叶鞘光滑或具疣毛；叶舌短小，叶片线形，扁平，质较硬，上面疏生刺毛，下面无毛，边缘粗糙。圆锥花序；主轴密生长柔毛，刚毛金黄色、淡褐色或紫色，生长柔毛而呈羽毛状；小穗披针形，近无柄，脉不明显；花药顶端具毫毛；花柱基部联合。

【繁育规律】种子与种茎繁殖，春季3月上下旬播种，花果期8～10月。

【地理分布】生态适应性很强。在我国江西、四川、广东、广西、云南等地已成功引种栽培。原产于非洲，引种栽培至印度、缅甸及大洋洲、美洲。

【防治方法】①人工除草；②化学除草使用除草剂定向喷雾（莠去津、敌草隆、甲嘧磺隆、双草醚、氰氟草酯、精喹禾灵、吡氟禾草灵）；③结合种植绿肥覆盖地表，进行综合治理。

5.2.35 莠狗尾草

莠狗尾草（*Setaria geniculata*），别称狗尾草，隶属于植物界被子植物门单子叶植物纲禾本目禾本科（Poaceae）狗尾草属（*Setaria*）。

【危害特点】主要危害麦类、谷子、玉米、棉花、豆类、花生、薯类、蔬菜、甜菜、马铃薯、果树等旱作物。发生严重时可形成优势种群密布田间，争夺肥水力强，造成作物减产。是叶蝉、蓟马、蚜虫、小地老虎等诸多害虫的寄主。

【识别特征】高40～80cm。秆直立或基部膝曲。叶片线形，先端渐尖，基部收窄，干时内卷，两面稍被疏毛或近秃净，边缘略粗糙，叶鞘秃净，鞘口有长毛。圆锥花序稠密，圆柱形，穗状花序式，顶稍狭，绿色或淡紫色；小穗椭圆形，先端尖，基部有刚毛8～12条，刚毛长为小穗的1～3倍；第一颖卵形，长约为小穗的1/3，具3脉；第二颖卵形，长约为小穗之半，5脉；不孕的小花的外稃椭圆形，5脉；结实小花的外稃平凸状，椭圆形，与不孕小花的外稃等长，先端短尖，表面有皱纹，边缘狭、内卷，包持着内稃；其内稃较窄于谷粒，雄蕊缺如。

【繁育规律】多年生，丛生，用种子繁殖。花果期6～9月。一株可结数千至上万粒种子。

【地理分布】生于海拔1500m以下的山坡、旷野或路边。产于我国广东、广西、福建、台湾、云南、湖南等省（自治区）。分布于世界的热带和亚热带地区。

【防治方法】①人工除草；②化学除草使用除草剂定向喷雾，在枝节抽穗期采用草甘膦、茅草枯等除草剂，进行叶面喷雾；③结合种植绿肥覆盖地表，进行综合治理。

5.2.36 圆果雀稗

圆果雀稗（*Paspalum orbiculare*），别称园果雀稗，隶属于植物界被子植物门单子叶植物纲禾本目禾本科（Poaceae）雀稗属（*Paspalum*）。

【危害特点】既耐瘠又耐肥，对土壤要求不严，在红、黄壤上均能生长良好。在水、肥条件良好时，分蘖多、产量高。在中国南方高温、干旱季节，如遇37～39℃的高温，2个月左右不下雨的情况下，虽然生长受到一定的影响，但未见枯死现象，并能正常开花结实。冬季气温在-4℃时，仅地上部嫩叶枯萎，地下部分仍能安全越冬。翌年春季气温回升到10～15℃时，迅速返青生长。

【识别特征】秆直立，丛生，高30～90cm。叶鞘长于其节间；叶舌长约1.5mm；叶片长披针形至线形，长10~20cm，宽5~10mm，大多无毛。总状花序长3~8cm，2~10枚相互间距排列于长1~3cm的主轴上，分枝腋间有长柔毛。

【繁育规律】多年生，播种繁殖；花果期6~11月。

【地理分布】广泛生长于低海拔区的荒坡、草地、路旁及田间。在我国分布于江苏、浙江、台湾、福建、江西、湖北、四川、贵州、云南、广西、广东。分布于亚洲东南部至大洋洲。

【防治方法】①人工除草；②化学除草使用除草剂定向喷雾，在枝节抽穗期采用草甘膦、茅草枯等除草剂，进行叶面喷雾；③结合种植绿肥覆盖地表，进行综合治理。

5.2.37 止血马唐

止血马唐（*Digitaria ischaemum*），隶属于植物界被子植物门单子叶植物纲禾本目禾本科（Poaceae）马唐属（*Digitaria*）。

【危害特点】止血马唐常生于湿润的田野、河边、路旁和沙地，危害作物正常生长。喜潮湿肥沃的微酸性至中性土壤。在向阳的开阔地上长势更好。该种多分布于撂荒地或利用过度的草地上，其伴生种多为一些一年生、二年生草本植物，如金色狗尾草、刺藜、猪毛蒿、刺沙蓬、达乌里黄芪、西伯利亚滨藜和苍耳，有时还有田旋花、伏委陵菜和车前等。

【识别特征】秆直立或基部倾斜，下部常有毛。叶鞘具脊，无毛或疏生柔毛；叶片扁平，线状披针形，顶端渐尖，基部近圆形，多少生长柔毛；具白色中肋，两侧翼缘粗糙。第一颖不存在；第二颖等长或稍短于小穗；第一外稃与小穗等长，脉间及边缘具细柱状棒毛与柔毛；第二外稃成熟后紫褐色。

【繁育规律】一年生，单子叶，主要靠种子进行繁殖，花果期6~11月。

【地理分布】生于田野、河边润湿的地方。产于我国黑龙江、吉林、辽宁、内蒙古、甘肃、新疆、西藏、陕西、山西、河北、四川、台湾等省（自治区）。在欧亚温带地区广泛分布，在北美温带地区已归化。

【防治方法】①人工除草；②使用化学药剂防除。土壤处理为首选防治手段，大部分酰胺类、二硝基苯胺类及三氮苯类除草剂都有比较好的效果。对于没有完全封闭住的残存个体，阔叶作物中使用芳氧苯氧羧酸类（氟吡甲禾灵、精喹禾灵）、环己烯酮类（烯草酮）除草剂进行茎叶处理。玉米田中止血马唐较多的田块，建议使用烟嘧磺隆和莠去津（安全剂型），目前市场上使用恶唑酰草胺效果最佳。

5.2.38 竹节草

竹节草（*Chrysopogon aciculatus*），别称粘人草、草籽花，隶属于植物界被子植物门单子叶植物纲禾本目禾本科（Poaceae）金须茅属（*Chrysopogon*）。

【危害特点】竹节草会与水稻等农作物争肥、争水、争生长空间，严重影响水稻的正常生长，并造成水稻减产。

【识别特征】具根茎和匍匐茎。秆的基部常膝曲，叶鞘无毛或仅鞘口疏生柔毛，多聚集跨覆状生于匍匐茎和秆的基部，秆生者稀疏且短于节间；叶舌短小，基部圆形，先端钝，两面无毛或基部疏生柔毛，边缘具小刺毛而粗糙，秆生叶短小。圆锥花序直立，长圆形，紫褐色，初时与穗轴顶端愈合，基盘顶端被锈色柔毛；颖革质，约与小穗等长，先端全缘，内稃缺如或微小；鳞被膜质，顶端截形；颖纸质。

【繁育规律】多年生草本植物，种子繁殖或节上生根，花果期6～10月。

【地理分布】生于海拔500～1000m的向阳贫瘠的山坡草地或荒野中。产于我国广东、广西、云南、台湾。也分布于亚洲和大洋洲的热带地区。

【防治方法】①人工除草；②化学除草使用除草剂定向喷雾（莠去津、敌草隆、甲嘧磺隆、双草醚、氰氟草酯、精喹禾灵、吡氟禾草灵）；③结合种植绿肥覆盖地表，进行综合治理。

5.3 大戟科（Euphorbiaceae）

5.3.1 千根草

千根草（*Euphorbia thymifolia*），隶属于植物界被子植物门木兰纲大戟目大戟科（Euphorbiaceae）大戟属（*Euphorbia*）。

【危害特点】喜欢生长在农田、果园附近，会影响农作物和果树的生长，繁殖迅速。

【识别特征】一年生草本。根纤细，长约10cm；茎纤细，常呈匍匐状，自基部极多分枝，长可达10~20cm；叶对生，椭圆形、长圆形或倒卵形，边缘有细锯齿，稀全缘，两面常被稀疏柔毛；花序单生或数个簇生于叶腋，具短柄，长1~2mm，被稀疏柔毛；总苞狭钟状至陀螺状，高约1mm，直径约1mm，外部被稀疏的短柔毛，边缘5裂，裂片卵形；蒴果卵状三棱形。

【繁育规律】以种子繁殖，繁殖快，花果期6~11月。

【地理分布】生于山坡草地或灌丛中，多见于山地冲积土或沙质土上。产于我国广西凌云、邕宁、陆川、桂平、平南、岑溪、钟山、金秀等地，分布于广东、云南、江西、福建等地。广布于世界除澳大利亚外的热带和亚热带地区。

【防治方法】①人工除草；②使用化学除草剂定向喷雾（甲草胺、扑草净、敌草隆，具体用量参照产品说明书即可）；③利用地膜覆盖，提高地膜和土表温度，烫死杂草幼苗或抑制杂草生长。

5.3.2 白苞猩猩草

白苞猩猩草（*Euphorbia heterophylla*），别称柳叶大戟、台湾大戟，隶属于植物界被子植物门双子叶植物纲大戟目大戟科（Euphorbiaceae）大戟属（*Euphorbia*）。

【危害特点】可危害大多数的旱地作物、牧场、荒地。多种作物有被危害的记录，包括大豆、花生、玉米、高粱、豇豆、棉花、甘蔗、凤梨、可可、咖啡、茶、陆稻、芝麻、木薯、柑橘、鳄梨、芒果等。该杂草出苗后茎秆迅速伸长，遮住农作物（特别是幼苗）的光线，农作物由于不能进行充分的光合作用而减产。

【识别特征】茎高达1m。叶长3~12cm，宽1~6cm，先端尖或渐尖，基部钝至圆，边缘具锯齿或全缘，两面被柔毛；叶柄长4~12mm；苞叶与茎生叶同形，较小，长2~5cm，宽5~15mm，绿色或基部白色。花序单生，基部具柄，无毛；总苞钟状，高2~3mm，直径1.5~5mm，边缘5裂，裂片卵形至锯齿状，边缘具毛；腺体常1枚，偶2枚，杯状，直径0.5~1mm。种子棱状卵形，长2.5~3.0mm，直径约2.2mm，被瘤状突起，灰色至褐色；无种阜。

【繁育规律】一年或多年生杂草，种子对环境的适应性较强，分枝和重复分枝能力强，种子繁殖率高。花果期2~11月。

【地理分布】广泛生长于湿润的草地、田野及路边，适应多种土壤类型，尤其在温暖湿润的气候条件下生长良好。除台湾、四川、云南外，我国各地均有分布。原产于北美洲，栽培并归化于旧大陆。分布于南美洲的热带地区。

【防治方法】①人工除草；②化学除草使用化学除草剂除草；③结合种植绿肥覆盖地表，进行综合治理。

5.3.3 白背叶

白背叶（*Mallotus apelta*），别称酒药子树、野桐、白背桐、吊粟，隶属于植物界被子植物门双子叶植物纲大戟目大戟科（Euphorbiaceae）野桐属（*Mallotus*）。

【危害特点】与作物争夺养分、水分、空间等，危害普遍。

【识别特征】灌木或小乔木，高1~3（~4）m；小枝、叶柄和花序均密被淡黄色星状柔毛和散生橙黄色颗粒状腺体。叶互生，卵形或阔卵形，稀心形，长和宽均6~16（~25）cm，顶端急尖或渐尖，基部截平或稍心形，边缘具疏齿，上面干后黄绿色或暗绿色，无毛或被疏毛，下面被灰白色星状绒毛，散生橙黄色颗粒状腺体；基出脉5条，最下一对常不明显，侧脉6或7对；基部近叶柄处有褐色斑状腺体2个；叶柄长5~15cm。花雌雄异株，雄花序为开展的圆锥花序或穗状，苞片卵形，雄花多朵簇生于苞腋；雄花：花梗长1~2.5mm；花蕾卵形或球形，花萼裂片4，卵形或卵状三角形，外面密生淡黄色星状毛，内面散生颗粒状腺体；雄蕊50~75枚；雌花序穗状，稀有分枝，花序梗长5~15cm，苞片近三角形；雌花：花梗极短；花萼裂片3~5，卵形或近三角形，外面密生灰白色星状毛和颗粒状腺体；花柱3~4枚，基部合生，柱头密生羽毛状突起。蒴果近球形，密生被灰白色星状毛的软刺，软刺线形，黄褐色或浅黄色。种子近球形，直径约3.5mm，褐色或黑色，具皱纹。

【繁育规律】花期6~9月，果期8~11月。

【地理分布】生于海拔30~1000m山坡或山谷灌丛中。产于我国云南、广西、湖南、江西、福建、广东和海南。越南也有分布。

【防治方法】①人工除草；②化学除草；③结合种植绿肥覆盖地表，进行综合治理。

5.3.4 热带铁苋菜

热带铁苋菜（*Acalypha indica*），别称菱角菜，隶属于植物界被子植物门双子叶植物大戟目大戟科（Euphorbiaceae）铁苋菜属（*Acalypha*）。

【危害特点】与作物争夺养分、水分、空间，主要在黄河流域及其以南地区发生，危害普遍，危害秋熟旱作物及水稻。

【识别特征】叶柄细长，具柔毛；托叶狭三角形。雌雄花同序，花序梗和花序轴均具短柔毛，花梗几无；花序轴顶端具1朵异形雌花：萼片4枚，长约0.5mm；子房近心形，1室，子房位于花后长约2mm，宽约2.5mm，顶部两侧具撕裂，花柱1枚，位于子房基部，撕裂；蒴果直径约2mm，具3个分果爿，具短柔毛；种子卵状，长约1.5mm，种皮具细小颗粒体，假种阜细小。

【繁育规律】一年生直立草本，通过种子繁殖，花果期3~10月。

【地理分布】分布于亚洲的印度、斯里兰卡、泰国、柬埔寨、越南、马来西亚、印度尼西亚、菲律宾等国。

【防治方法】①人工除草；②化学除草使用化学除草剂除草（灭草松、唑草酮）；③田间间作结合套作进行综合整治；④结合种植绿肥覆盖地表，进行综合治理。

5.3.5 铁苋菜

铁苋菜（*Acalypha australis*），隶属于植物界被子植物门双子叶植物纲大戟目大戟科（Euphorbiaceae）铁苋菜属（*Acalypha*）。

【危害特点】快速逸生为常见杂草，发生量大，常形成优势种群。

【识别特征】灌木或小乔木。叶互生，通常膜质或纸质，叶缘具齿或近全缘，具基出脉3～5条或为羽状脉；叶柄长或短；托叶披针形或钻状，有的很小，凋落。雌雄同株，稀异株，花序腋生或顶生，雌雄花同序或异序；雄花序穗状，雄花多朵簇生于苞腋或在苞腋排成团伞花序；雌花序总状或穗状花序，通常每苞腋具雌花1～3朵，雌花的苞片具齿或裂片，花后通常增大；雌花和雄花同序，花的排列形式多样，通常雄花生于花序的上部，呈穗状，雌花1～3朵，位于花序下部；花无花瓣，无花盘；雄花：花萼花蕾是闭合的，花萼裂片4枚，镊合状排列；雄蕊通常8枚，花丝离生，花药2室，药室叉开或悬垂，细长、扭转，蠕虫状；不育雌蕊；雌花：萼片3～5枚，覆瓦状排列，近基部合生；子房3或2室，每室具胚珠1颗，花柱离生或基部合生，撕裂为多条线状的花柱枝。蒴果小，通常具3个分果爿，果皮具毛或软刺；种子近球形或卵圆形，种皮壳质，有时具明显种脐或种阜，胚乳肉质，子叶阔、扁平。

【繁育规律】一年生草本，种子繁殖，花果期4～12月。

【地理分布】中国除西部高原或干燥地区外，大部分省（自治区）均产。俄罗斯远东地区、朝鲜、日本、菲律宾、越南、老挝也有分布。

【防治方法】①人工除草；②农业防治：可用吡虫啉或避蚜雾喷雾除治；③物理防治：利用黄板诱杀蚜虫，黑光灯诱杀蛾类；④生物防治：利用天敌对付害虫，选择对天敌杀伤力低的农药，创造有利于天敌生存的环境；采用抗生素（农用链霉素等）防治病害（软腐病）。

5.3.6 飞扬草

飞扬草（*Euphorbia hirta*），别称大飞羊、飞扬、神仙对坐草、节节花、大号乳仔草、蚝刈草、猫仔病、大乳草、木本奶草、金花草、蜻蜓草、白乳草、过路蜈蚣、蚂蚁草、天泡草、大乳汁草、奶子草、九歪草、假奶子草、癣药草、脚癣草、毛飞扬、大本乳仔草、乳仔草、红骨大本乳子草、催乳草、大奶浆草，隶属于植物界被子植物门双子叶植物纲原始花被亚纲大戟目大戟科（Euphorbiaceae）大戟属（*Euphorbia*）。

【危害特点】飞扬草主要为害果树、茶树、旱作物，局部地区枣园、茶园、农田发生量较大，危害较重。

【识别特征】被硬毛，含白色乳汁。茎通常自基部分枝；枝常淡红色或淡紫色，匍匐状或扩展，长15~40cm。叶对生；托叶小，线形；叶片披针状长圆形至卵形或卵状披针形，长1~4cm，宽0.5~1.3cm，先端急尖而钝，基部圆而偏斜，边缘有细锯齿，稀全缘，中央常有1紫色斑，两面被短柔毛，下面沿脉的毛较密。杯状花序多数密集成腋生头状花序；花单性；总苞宽钟状，外面密被短柔毛，顶端4裂；腺体4，漏斗状，有短柄及花瓣状附属物；雄花具雄蕊1；雌花子房3室，花柱3。蒴果卵状三棱形，被短柔毛；种子卵状四棱形。

【繁育规律】一年生草本；以种子进行繁殖，花期全年。

【地理分布】在我国分布于浙江、江西、福建、台湾、湖南、广东、海南、广西、四川、贵州、云南等地。

【防治方法】①人工除草；②化学除草使用化学除草剂除草；③结合种植绿肥覆盖地表，进行综合治理。

5.3.7　叶下珠

叶下珠（*Phyllanthus urinaria*），别称珠仔草、假油甘（潮汕）、龙珠草、企枝叶下珠、碧凉草，隶属于植物界被子植物门双子叶植物纲大戟目大戟科（Euphorbiaceae）叶下珠属（*Phyllanthus*）。

【危害特点】成活率高，抗性强，影响作物生长。

【识别特征】茎带紫红色，有纵棱。叶互生，作复瓦状排列，形成二行，似羽状复叶，叶片矩圆形，全绿。夏秋沿茎叶下面开白色小花，无花柄。花后结扁圆形小果，形如小珠，排列于假复叶下面。

【繁育规律】一年生草本植物，种子繁殖，7～8月是叶下珠旺盛生长期。

【地理分布】分布于中国华东、华中、华南、西南等省（自治区）。印度、斯里兰卡、中南半岛、日本、马来西亚、印度尼西亚至南美也有分布。

【防治方法】①人工除草；②化学除草使用化学除草剂除草；③结合种植绿肥覆盖地表，进行综合治理。

5.4 莎草科（Cyperaceae）

5.4.1 香附子

香附子（*Cyperus rotundus*），别称香头草、回头青、雀头香，隶属于植物界被子植物门单子叶植物纲莎草目莎草科（Cyperaceae）莎草属（*Cyperus*）。

【危害特点】主要危害玉米、棉花、大豆、花生、蔬菜、果树等作物。香附子由地下块茎、根茎、鳞茎和地上茎叶组成，具有惊人的繁殖能力。它的块茎、根茎、鳞茎和种子都能繁殖。

【识别特征】匍匐根状茎长，具椭圆形块茎。秆稍细弱，锐三棱形，平滑，基部呈块茎状。叶较多，短于秆。穗状花序轮廓为陀螺形，稍疏松。小坚果长圆状倒卵形、三棱形，具细点。

【繁育规律】多年生草本植物，块茎、根茎、鳞茎和种子都能繁殖。花果期5～11月。

【地理分布】生长于山坡、荒地、草丛中或水边潮湿处。产于我国陕西、甘肃、山西、河南、河北、山东、江苏、浙江、江西、安徽、云南、贵州、四川、福建、广东、广西、台湾等省（自治区）。广布于世界各地。

【防治方法】①人工除草；②化学除草使用除草剂定向喷雾（二甲四氯钠盐、吡氟禾草灵、精喹禾灵、苯噻酰草胺、双草醚）；③结合耕地或中耕松土时，人工捡拾土中香附子块茎，能有效减轻其块茎繁殖和危害；④到7～8月香附子成株开花结籽期（种子未成熟前），拔除整株或割去地上部分的茎和花序，减少其靠种子繁殖从而减轻危害。

5.4.2 扁穗莎草

扁穗莎草（Cyperus compressus），隶属于植物界被子植物门单子叶植物纲莎草目莎草科（Cyperaceae）莎草属（Cyperus）。

【危害特点】由其在地下的球茎产生根茎，根茎长出新的球茎，新球茎萌生幼草，一株接着一株，连绵不断地生长。在生长期内，它能在短时间内以数倍甚至几十倍的数量快速繁育生长，迅速占领地面，与草坪争肥争水能力极强。

【识别特征】丛生草本；根为须根。秆稍纤细，高5～25cm，锐三棱形，基部具较多叶。叶短于秆，或与秆几等长，折合或平张，灰绿色；叶鞘紫褐色。苞片3～5枚，叶状，长于花序；长侧枝聚伞花序简单，具1～7个辐射枝，辐射枝最长达5cm；穗状花序近于头状；花序轴很短，具3～10个小穗；小穗排列紧密，斜展，线状披针形，近于四棱形，具8～20朵花；鳞片紧贴的复瓦状排列，稍厚，卵形，顶端具稍长的芒，背面具龙骨状突起，中间较宽部分为绿色，两侧苍白色或麦秆色，有时有锈色斑纹，脉9～13条；雄蕊3，花药线形，药隔突出于花药顶端；花柱长，柱头3，较短。小坚果倒卵形、三棱形，侧面凹陷，长约为鳞片的1/3，深棕色，表面具密的细点。

【繁育规律】多年生丛生草本植物，块茎、根茎、鳞茎和种子都能繁殖。花果期7～12月。

【地理分布】常多生长于空旷的田野里。分布在我国的安徽、贵州、四川、浙江、江苏、海南、福建、广东、湖北、湖南、江西、台湾等地。印度、越南、日本，以及喜马拉雅山区也有分布。

【防治方法】①人工除草；②化学除草使用除草剂定向喷雾（二甲四氯钠盐、吡氟禾草灵、精喹禾灵、苯噻酰草胺、双草醚）；③结合耕地或中耕松土时，人工捡拾土中块茎，能有效减轻其块茎繁殖和危害；④种子未成熟前，拔除整株或割去地上部分的茎和花序，减少其种子落地，减少其靠种子繁殖的数量从而减轻危害。

5.4.3 碎米莎草

碎米莎草（*Cyperus iria*），别称三方草，隶属于植物界被子植物门单子叶植物纲莎草目莎草科（Cyperaceae）莎草属（*Cyperus*）。

【危害特点】为秋熟地主要杂草，湿润旱地危害较重，水稻田中也有发生。

【识别特征】秆丛生，扁三棱形。叶片长线形，叶鞘红棕色。长侧枝聚伞花序复出，雄蕊3，花柱短，柱头3。小坚果倒卵形或椭圆形、三棱形、褐色。

【繁育规律】一年生草本，主要以种子进行繁殖，花果期6～10月。

【地理分布】分布极广，为一种常见的杂草，生长于田间、山坡、路旁阴湿处。在我国产于东北三省、河北、河南、山东、陕西、甘肃、新疆、江苏、浙江、安徽、江西、湖南、湖北、云南、四川、贵州、福建、广东、广西、台湾。俄罗斯远东地区、朝鲜、日本、越南、印度、伊朗、澳大利亚、非洲北部及美洲也有分布。

【防治方法】①清除杂草的种子，结合耕翻、整地，消灭土表的杂草种子；②实行定期的水旱轮作，减少杂草的发生；③提高播种的质量，一播全苗，以苗压草；④化学除草。

5.4.4 短叶水蜈蚣

短叶水蜈蚣（*Kyllinga brevifolia*），别称水蜈蚣、金钮草、土香头、三荚草、白香附、无头香，隶属于植物界被子植物门单子叶植物纲莎草目莎草科（Cyperaceae）蜈蚣属（*Kyllinga*）。

【危害特点】几乎可以在任何土壤类型；pH；含水量和有机质的土壤上生长，生长时间较长、繁殖力较强，很难防除，对草坪的危害很大；在南方发生普遍，危害重，防除难。

【识别特征】根状茎长而匍匐，外被膜质、褐色的鳞片，具多数节间，节间长约1.5cm，每一节上长一秆。秆成列地散生，细弱，高7～20cm，扁三棱形，平滑，基部不膨大，具4或5个圆筒状叶鞘。叶柔弱，短于或稍长于秆，宽2～4mm，平张，上部边缘和背面中肋上具细刺。穗状花序单个，极少2或3个，球形或卵球形。小坚果倒卵状长圆形，扁双凸状，长约为鳞片的1/2，表面具密的细点。

【繁育规律】多年生草本植物，主要借由大量的种子及强健的匍匐茎繁殖，质轻，易随风传播，扩散速度快，匍匐茎繁殖速度快。

【地理分布】生长于海拔在600m以下的山坡荒地、路旁草丛中、田边草地、溪边、海边沙滩上。在我国产于湖北、湖南、贵州、四川、云南、安徽、浙江、江西、福建、广东、广西、海南。非洲西部热带地区、马达加斯加、喜马拉雅山区、印度、缅甸、越南、马来西亚、印度尼西亚、菲律宾、日本、澳大利亚及美洲也有分布。

【防治方法】①人工除草；②化学除草使用除草剂定向喷雾（镢莎、精异丙甲草胺、恶草灵、秀百宫）；③在除草剂奏效之后采取精细的栽培管理方式进行有效控制。

5.4.5　扁秆藨草

扁秆藨草（*Scirpus planiculmis*），隶属于植物界被子植物门单子叶植物纲莎草目莎草科（Cyperaceae）藨草属（*Scirpus*）。

【危害特点】 扁秆藨草主要通过地下根状茎进行营养繁殖，繁殖能力强大，具有较强的吸肥能力和耐干旱盐碱能力，繁衍生长速度快，通过与作物竞争养分而导致作物减产。

【识别特征】 丛生或散生草本，具匍匐根状茎和块茎。秆高60～100cm，一般较细，三棱形，平滑，靠近花序部分粗糙，基部膨大，具秆生叶。叶扁平，向顶部渐狭，具长叶鞘。小穗卵形或长圆状卵形，锈褐色，具多数花；鳞片膜质，长圆形或椭圆形，褐色或深褐色，外面被稀少的柔毛，背面具一条稍宽的中肋，顶端或多或少缺刻状撕裂，具芒；下位刚毛4～6条，上生倒刺，长为小坚果的1/2～2/3；雄蕊3，花药线形，药隔稍突出于花药顶端；花柱长，柱头2。小坚果宽倒卵形，或倒卵形，扁，两面稍凹，或稍凸。

【繁育规律】 扁秆藨草以地下球茎越冬，第二年3月下旬至4月上旬球茎顶芽开始萌发形成地上植株。随着地上部分的生长，球茎逐渐发生一至数条根状茎，根状茎生长至一定阶段其顶端膨大形成新的球茎。以后新的球茎又以同样的方式产生再生根状茎和再生球茎，使扁秆藨草在短时间内迅速繁殖。球茎主要分布在0～10cm土层中，当年新产生的球茎具休眠特性。花期5～6月，果期7～9月。

【地理分布】 生长在海拔2～1600m的湖、河边近水处。分布于我国东北三省及内蒙古、山东、河北、河南、山西、青海、甘肃、江苏、浙江、云南。朝鲜、日本也有分布。

【防治方法】 ①人工拔除；②化学除草使用化学除草剂除草（苄嘧磺隆）。为了最大限度发挥药效，保障稻米食用安全，确保人畜安全，应注意农药的合理使用，既减少化学农药用药量和次数，又达到防治目的。

5.4.6　水虱草

水虱草（*Fimbristylis miliacea*），别称笀寻草、鹅草，隶属于植物界被子植物门单子叶植物莎草目莎草科（Cyperaceae）飘拂草属（*Fimbristylis*）。

【危害特点】 稻田常见杂草，发生量大，对水稻生产有较大影响。对湿地及旱地作物也会造成一定影响，导致作物减产。为水稻黑蟓等的寄主和水稻纹枯病的媒介植物。

【识别特征】 无根状茎。秆丛生，高10～60cm，扁四棱形，具纵槽，基部包着1～3个无叶片的鞘。叶长于或短于秆，侧扁，剑状，先端刚毛状；鞘侧扁，背面呈龙骨状，边缘膜质，锈色，鞘口斜裂，无叶舌；苞片2～4枚，刚毛状，基部较宽。聚伞花序复出或多次复出；辐射枝3～6个；小穗单生于辐射枝顶端，球形；鳞片膜质，卵形，栗色，具白色狭边，背面龙骨突起，具有3条脉；雄蕊2；花柱三棱形，基部稍膨大，柱头3。小坚果倒卵状，麦秆黄色，具疣状突起和横裂圆形网纹。

【繁育规律】 一年生草本，以种子繁殖。

【地理分布】 生于田边、湖边、溪边草丛、潮湿沼泽地、稻田、湿地等。

【防治方法】 ①人工除草；②化学除草使用化学除草剂除草（五氯酚钠、杀草丹等除草剂）；③结合种植绿肥覆盖地表，进行综合治理；④水旱轮作。

5.4.7 红鳞扁莎

红鳞扁莎（*Pycreus sanguinolentus*），隶属于植物界被子植物门单子叶植物纲莎草目莎草科（Cyperaceae）扁莎属（*Pycreus*）。

【危害特点】鳞片边缘红褐色。是一种分布广泛的农田杂草，会与农作物竞争资源，影响农作物的正常生长和产量，但有医药价值。

【识别特征】根为须根。秆密丛生，高7～40cm，扁三棱形，平滑。叶稍多，常短于秆，少有长于秆，宽2～4mm，平张，边缘具白色透明的细刺。苞片3或4枚，叶状，近于平向展开，长于花序；简单长侧枝聚伞花序具3～5个辐射枝；辐射枝有时极短，因而花序近似头状，有时可长达4.5cm，由4～12个或更多的小穗密聚成短的穗状花序；小穗辐射展开，长圆形、线状长圆形或长圆状披针形，长5～12mm，宽2.5～3mm，具6～24朵花；小穗轴直，四棱形，无翅；鳞片稍疏松地复瓦状排列，膜质，卵形，顶端钝，长约2mm，背面中间部分黄绿色，具3~5条脉，两侧具较宽的槽，麦秆黄色或褐黄色，边缘暗血红色或暗褐红色；雄蕊3，少2，花药线形；花柱长，柱头2，细长，伸出于鳞片之外。小坚果圆倒卵形或长圆状倒卵形，双凸状，稍肿胀，长为鳞片的1/2~3/5，成熟时黑色。

【繁育规律】一年生草本，以种子进行繁殖，花果期7~12月。

【地理分布】生长于山谷、田边、河旁潮湿处，或长于浅水处，多在向阳的地方。产于我国东北各省、内蒙古、山西、陕西、甘肃、新疆、山东、河北、河南、江苏、湖南、江西、福建、广东、广西、贵州、云南、四川等省（自治区）均有分布；也分布在越南、印度、菲律宾、印度尼西亚、日本、俄罗斯阿穆尔州，以及地中海区域和中亚、非洲。

【防治方法】草坪宁7号0.7ml/m^2+草坪宁71号0.07g/m^2，兑水100ml/m^2，对红鳞扁莎植株的基部喷透。关键要喷到杂草接近土表的部位。若红鳞扁莎已开花，需加大用量，喷到杂草的基部。在第一遍喷后大约7天，对未喷到的或虽喷过，但药量不够的地方，点片补喷。喷后尽量推迟剪草，至少24h不要浇水。

5.4.8 茳芏

茳芏（*Cyperus malaccensis*），别称咸草、咸水草、三角茳芏、大甲蔺、苑里蔺、淡水草席草、龙须草，隶属于植物界被子植物门双子叶植物纲莎草目莎草科（Cyperaceae）莎草属（*Cyperus*）。

【危害特点】茳芏的繁殖能力强，会侵入农田，与农作物竞争资源，影响农作物的正常生长常生长在湿地、稻田、河边和水边，或栽培，也见于海边。

【识别特征】匍匐根状茎长，木质。秆高80~100cm，锐三棱形，平滑，基部具1或2片叶。叶片短或有时极短，平张；叶鞘很长，包裹着秆的下部，棕色。穗状花序轴上无毛；小穗极展开，线形，具10~42朵花，小穗轴具狭的透明的边；鳞片排列疏松，厚纸质，椭圆形或长圆形，顶端钝或圆，不具短尖，背面无龙骨状突起，红棕色，稍带苍白色，边缘黄色或麦秆黄色，脉不明显；雄蕊3，花药线形，红色药隔突出于花药顶端；花柱短，柱头3，细长。小坚果狭长圆形，三棱形，几与鳞片等长，成熟时黑褐色。

【繁育规律】可通过种子和匍匐茎繁殖，花果期6~11月。

【地理分布】常生长在湿地、稻田、河边和水边，亦可栽培，常见于沿海地区。在我国，主要分布于广东、台湾等地。马来西亚、印度、缅甸、印度尼西亚、日本、越南及地中海地区也有分布。

【防治方法】①人工除草；②化学除草使用除草剂定向喷雾（二甲四氯钠盐、吡氟禾草灵、精喹禾灵、苯噻酰草胺、双草醚）；③结合耕地或中耕松土时，人工捡拾土中茳芏块茎，能有效减轻其块茎繁殖和危害；④到7~8月茳芏成株开花结籽期（种子未成熟前），拔除整株或割去地上部分的茎和花序，减少其种子落地，减少其靠种子繁殖从而减轻危害。

5.4.9 异型莎草

异型莎草（*Cyperus difformis*）隶属于植物界被子植物门单子叶植物纲莎草目莎草科（Cyperaceae）莎草属（*Cyperus*）。

【危害特点】由于生长期短，生长迅速。在发生严重的田块往往高出水稻，构成单一群落，造成减产。

【识别特征】多数具根状茎，少有兼具块茎。大多数具有三棱形的秆。叶基生和秆生，一般具闭合的叶鞘和狭长的叶片，或有时仅有鞘而无叶片。花序多种多样，有穗状花序、总状花序、圆锥花序、头状花序或长侧枝聚伞花序；小穗单生、簇生或排列成穗状、头状，具2至多数花，或退化至仅具1花；花两性或单性，雌雄同株，少有雌雄异株，着生于鳞片（颖片）腋间，鳞片复瓦状螺旋排列或二列，无花被或花被退化成下位鳞片或下位刚毛，有时雌花被先出叶所形成的果囊所包裹；雄蕊3个，少有1或2个，花丝线形，花药底着；子房一室，具一个胚珠，花柱单一，柱头2或3个。果实为小坚果，三棱形、双凸状、平凸状，或球形。

【繁育规律】多年生草本，较少为一年生；生于稻田或水边湿地，繁殖力强，花果期夏、秋季，以种子繁殖，籽实极多，成熟后即脱落，春季出苗。

【地理分布】常生长于稻田或水边潮湿处。在我国分布很广，在河北、山西、陕西、甘肃、云南、四川、湖南、湖北、浙江、江苏、安徽、福建、广东、广西、东北三省及海南均常见到。俄罗斯、日本、朝鲜、印度、喜马拉雅山区，非洲、中美洲也有分布。

【防治方法】①清除杂草的种子，结合耕翻、整地，消灭土表的杂草种子；②实行定期的水旱轮作，减少杂草的发生；③提高播种的质量，一播全苗，以苗压草；④化学除草。

5.5 茜草科（Rubiaceae）

5.5.1 阔叶丰花草

阔叶丰花草（*Borreria latifolia*），别称水虱草，隶属于植物界被子植物门双子叶植物纲茜草目茜草科（Rubiaceae）丰花草属（*Borreria*）。

【危害特点】生长繁殖迅速，生长期和开花结实时间长，种子量巨大，对花生的危害尤为严重。主要在夏秋季节危害农作物，具有惊人的繁殖能力，其幼苗一旦长出即迅速生长，并很快形成很大的种群，对作物尤其是作物的幼苗造成很大的危害。同时，它还能在其生长的环境中分泌一种有毒物质，抑制其他种类植物的生长，从而达到快速扩张和群集生长的目的。

【识别特征】披散、粗壮草本，被毛；茎和枝均为明显的四棱柱形，棱上具狭翅；叶椭圆形或卵状长圆形；花数朵丛生于托叶鞘内，浅紫色，罕有白色；蒴果椭圆形；种子近椭圆形，两端钝，干后浅褐色或黑褐色，无光泽，有小颗粒。

【繁育规律】一年生草本，以种子进行繁殖，种子休眠至第二年初夏才能萌发，花果期5～7月。

【地理分布】常生于红壤上，见于海拔1000m以下的废墟、荒地、沟渠边、山坡路旁或为田园杂草。在我国分布于广东南部、海南、香港、台湾和福建南部。原产于南美洲，现广泛分布于热带地区。

【防治方法】①人工除草，在开花结果前拔除，或配合伏耕和秋耕除草，降低其长势和繁殖力；②化学除草使用除草剂定向喷雾（草甘膦、四氟丙酸钠）；③结合种植绿肥覆盖地表，进行综合治理。

5.5.2 墨苜蓿

墨苜蓿（*Richardia scabra*）隶属于植物界被子植物门双子叶植物纲茜草目茜草科（Rubiaceae）墨苜蓿属（*Richardia*）。

【危害特点】繁殖速度快，出现的频度高、株丛数量多、生物量大。

【识别特征】主根近白色。茎近圆柱形，被硬毛，节上无不定根，疏分枝。叶厚纸质，卵形、椭圆形或披针形，长1～5cm或过之，顶端通常短尖、钝头，基部渐狭，两面粗糙，边上有缘毛；头状花序有花多朵，顶生，花冠白色，漏斗状或高脚碟状，分果瓣3（～6），长2～3.5mm，长圆形至倒卵形，背部密覆小乳凸和糙伏毛，腹面有一条狭沟槽，基部微凹。

【繁育规律】一年生草本，主要靠种子繁殖，10月中下旬出现高峰期，花期在翌年6～9月。

【地理分布】生于海拔50～550m荒地或灌丛中。约在20世纪80年代传入我国南部，见于香港、广东博罗罗浮山和海南乐东及西沙群岛等地。原产于美洲热带地区，为该地区耕地和旷野杂草。

【防治方法】①人工除草，在开花结果前拔除，或配合伏耕和秋耕除草，降低其长势和繁殖力；②化学除草使用除草剂定向喷雾（草甘膦、四氟丙酸钠）；③结合种植绿肥覆盖地表，进行综合治理。

5.5.3 白花蛇舌草

白花蛇舌草（*Hedyotis diffusa*），别称蛇舌草、羊须草、蛇总管，隶属于植物界被子植物门木兰纲龙胆目茜草科（Rubiaceae）耳草属（*Hedyotis*）。

【危害特点】白花蛇舌草的繁殖能力强，易与农作物竞争资源，影响农作物的正常生长和产量。

【识别特征】一年生无毛纤细披散草本，高20～50cm；茎稍扁，从基部开始分枝。叶对生，无柄，膜质，线形，顶端短尖，边缘干后常背卷，上面光滑，下面有时粗糙；中脉在上面下陷，侧脉不明显；托叶长1～2mm，基部合生，顶部芒尖。花4数，单生或双生于叶腋；花梗略粗壮，长2～5mm，罕无梗或偶有长达10mm的花梗；萼管球形，萼檐裂片长圆状披针形，顶部渐尖，具缘毛；花冠白色，管形，冠管长1.5～2mm，喉部无毛，花冠裂片卵状长圆形，长约2mm，顶端钝；雄蕊生于冠管喉部，花丝长0.8～1mm，花药突出，长圆形，与花丝等长或略长于花丝；花柱长2～3mm，柱头2裂，裂片广展，有乳头状凸点。蒴果膜质，扁球形，宿存萼檐裂片长1.5～2mm，成熟时顶部室背开裂；种子每室约10粒，具棱，干后深褐色，有深而粗的窝孔。

【繁育规律】白花蛇舌草用种子繁殖。分育苗和移栽两步进行，也可直播。播种期为春播。育苗播前先用耧在整好的畦面上开成浅沟，再将种子均匀地撒入沟内，覆土浇水保墒，以利出苗。每亩播种量2kg。齐苗后，加强田间管理，培育至秋后即可移栽。移栽于秋后进行，将白花蛇舌草苗按行株距20cm×10cm定植在整好的畦面上。浇水保墒，以利成活。直播播前先用耧在整好的畦面上开成浅沟，再将种子均匀地撒入整好的畦面上，用耙反过来耙平，使土盖没种子。浇水保墒，以利出苗。每亩播种量约1kg。花期春季。

【地理分布】多见于水田、田埂和湿润的旷地。在我国产于广东、香港、广西、海南、安徽、云南等地。国外分布于亚洲热带地区，西至尼泊尔，日本也有分布。

【防治方法】①人工除草，在开花结果前拔除，或配合伏耕和秋耕除草，降低其长势和繁殖力；②化学除草使用除草剂定向喷雾（草甘膦、四氟丙酸钠）；③结合种植绿肥覆盖地表，进行综合治理。

5.5.4 拉拉藤

拉拉藤（*Galium aparine*），别称猪殃殃、爬拉殃、八仙草，隶属于植物界被子植物门双子叶植物纲茜草目茜草科（Rubiaceae）拉拉藤属（*Galium*）。

【危害特点】为夏熟旱作物田恶性杂草。攀缘植物，不仅和作物争阳光、争空间，且可引起作物倒伏，造成更大的减产，并且影响作物的收割。

【识别特征】多枝、蔓生或攀缘状草本，通常高30~90cm；茎有4棱角；棱上、叶缘、叶脉上均有倒生的小刺毛。叶纸质或近膜质，6~8片轮生，稀为4或5片，带状倒披针形或长圆状倒披针形，长1~5.5cm，宽1~7mm，顶端有针状凸尖头，基部渐狭，两面常有紧贴的刺状毛，常萎软状，干时常卷缩，1脉，近无柄。聚伞花序腋生或顶生，少至多花，花小，4数，有纤细的花梗；花萼被钩毛，萼檐近截平；花冠黄绿色或白色，辐状，裂片长圆形，长不及1mm，镊合状排列；子房被毛，花柱2裂至中部，柱头头状。果干燥，有1或2个近球状的分果爿，直径达5.5mm，肿胀，密被钩毛；果柄直，长可达2.5cm，较粗，每一片有1粒平凸的种子。

【繁育规律】多枝、蔓生或攀缘状草本，可通过种子和匍匐茎进行繁殖，花期3~7月，果期4~11月。

【地理分布】生于耕地、路旁或草地。分布于我国东北、华北、华南、西南、欧洲、亚洲、非洲北部及美洲广泛分布。

【防治方法】①人工除草；②化学除草剂，使用吡氟酰草胺在苗前施用，防除效果显著；③结合种植绿肥覆盖地表，进行综合治理。

5.5.5 伞房花耳草

伞房花耳草（*Oldenlandia corymbosa*），隶属于植物界被子植物门双子叶植物纲茜草目茜草科（Rubiaceae）耳草属（*Hedyotis*）。

【危害特点】根系发达，植株分支多，生长势极强，与小麦争水争肥争光照，严重危害小麦产量，使小麦亩产量、穗粒数、粒重都下降。

【识别特征】茜草科一年生披散草本。株矮小分枝多，茎枝有棱。叶对生近无柄，披针形，托叶合生。花序腋生，伞房花序排列，有花2～4朵，总花梗丝状，花4数，花冠白色或淡红色，筒状，裂片矩圆形。蒴果膜质球形，具宿存萼裂片。

【繁育规律】一年生草本，3月上旬至4月上旬播种，9～10月成熟。

【地理分布】生于旷地、田边、路旁及湿润的沟边，为旱作地、蔬菜地及稻田埂的常见杂草。在我国分布于江苏、上海、浙江、江西、福建、台湾、湖北、湖南、海南、广东、广西、四川、贵州、云南等地。广布于亚洲热带地区及非洲和美洲等地。

【防治方法】①人工除草；②化学除草使用除草剂灭草松；③结合种植绿肥覆盖地表，进行综合治理。

5.5.6 鸡矢藤

鸡矢藤（*Paederia scandens*），别称牛皮冻、臭藤，隶属于植物界被子植物门双子叶植物纲茜草目茜草科（Rubiaceae）鸡矢藤属（*Paederia*）。

【危害特点】鸡矢藤生长迅速，其藤蔓会缠绕和覆盖农作物，影响农作物的正常生长和产量。

【识别特征】藤本，茎长3~5m，无毛或近无毛。叶对生，纸质或近革质，形状变化很大，卵形、卵状长圆形至披针形，顶端急尖或渐尖，基部楔形或近圆或截平，有时浅心形，两面无毛或近无毛，有时下面脉腋内有束毛；侧脉每边4~6条，纤细；叶柄长1.5~7cm；托叶长3~5mm，无毛。圆锥花序式的聚伞花序腋生和顶生，扩展，分枝对生，末次分枝上着生的花常呈蝎尾状排列；小苞片披针形；花具短梗或无；花冠浅紫色，外面被粉末状柔毛，里面被绒毛，顶部5裂，裂片长1~2mm，顶端急尖而直，花药背着，花丝长短不齐。果球形，成熟时近黄色，有光泽，平滑，顶冠以宿存的萼檐裂片和花盘；果无翅，浅黑色。

【繁育规律】藤本，可用种子和扦插繁殖。花期5~7月。

【地理分布】生于海拔200~2000m的山坡、林中、林缘、沟谷边灌丛，或缠绕在灌木上。在我国产于陕西、甘肃、山东、江苏、安徽、江西、浙江、福建、台湾、河南、湖南、广东、香港、海南、广西、四川、贵州、云南。朝鲜、日本、印度、缅甸、泰国、越南、老挝、柬埔寨、马来西亚、印度尼西亚也有分布。

【防治方法】①人工除草；②化学除草使用除草剂定向喷雾（2甲·氯氟吡乳油、使它隆、二甲四氯）；③结合种植绿肥覆盖地表，进行综合治理。

5.6 豆科（Leguminosae）

5.6.1 巴西含羞草

巴西含羞草（*Mimosa invisa*），别称无，隶属于植物界被子植物门双子叶植物纲杜鹃花目豆科（Leguminosae）含羞草属（*Mimosa*）。

【危害特点】主要危害棉花、豆类、瓜类、薯类、蔬菜等多种旱作物。

【识别特征】茎攀缘或平卧，长达60cm，五棱柱状，沿棱上密生钩刺，其余被疏长毛，老时毛脱落。二回羽状复叶，长10~15cm，头状花序花时连花丝直径约1cm，1或2个生于叶腋，总花梗长5~10mm；花紫红色，荚果长圆形，长2~2.5cm，宽4~5mm，边缘及荚节有刺毛。

【繁育规律】直立、亚灌木状草本；通过种子进行繁殖；花期8月，果期9~10月。

【地理分布】产于广东。栽培或逸生于旷野、荒地。原产于巴西。

【防治方法】①人工除草在结果前拔除；②化学除草使用除草剂定向喷雾（莠去津、乙草胺、烟嘧磺隆等）；③结合种植绿肥覆盖地表，进行综合治理。

5.6.2 无刺含羞草

无刺含羞草（*Mimosa invisa*），隶属于植物界被子植物门双子叶植物纲蔷薇目豆科（Leguminosae）含羞草属（*Mimosa*）。

【危害特点】无刺含羞草适应性强，对土质要求不严，易大片形成。在农田中，无刺含羞草会与农作物争夺养分和水分，降低农作物的产量和质量。同时，其多刺的茎还会给农作物的收割和加工造成不便。

【识别特征】直立、亚灌木状草本；茎攀缘或平卧，长达60cm，五棱柱状，茎上无钩刺，被疏长毛，老时毛脱落。二回羽状复叶，长10~15cm；总叶柄及叶轴有钩刺4~5列；羽片（4~）7~8对，长2~4cm；小叶（12）20~30对，线状长圆形，长3~5mm，宽约1mm，被白色长柔毛。头状花序花时连花丝直径约1cm，1或2个生于叶腋，总花梗长5~10mm；花紫红色，花萼极小，4齿裂；花冠钟状，长2.5mm，中部以上4瓣裂，外面稍被毛；雄蕊8枚，花丝长为花冠的数倍；子房圆柱状，花柱细长。

【繁育规律】无刺含羞草发芽成苗快，适应性强，长势强盛，四季常绿，开花早且花期长、花果期3~9月。喜温暖，喜光照，耐热，怕冷，最佳生长温度为15~30℃，夏季可耐45℃高温。冬季南方地区可在室外自然越冬，北方地区冬季叶子冻落翌年春天仍可发芽长叶开花，环境温度长期在0℃以下会受冻枯死。

【地理分布】栽培或逸生于旷野、荒地。在我国产于广东。原产于美洲，现广泛传播并归化于东半球。

【防治方法】①人工拔除和人工刈割；②利用莠去津等除草剂；③采用天敌抑制；④采用寄生或致病微生物致死。

5.6.3 三点金

三点金（*Desmodium triflorum*），别称三点金草、蝇翅，隶属于植物界被子植物门双子叶植物纲蔷薇目豆科（Leguminosae）山蚂蝗属（*Desmodium*）。

【危害特点】三点金匍匐生长，繁殖力强，与草坪草争肥、争水、争阳光，导致杂草周围的草坪草生长矮小、退化，是草坪中危害极重的恶性杂草，常造成大片草坪被吞噬。

【识别特征】多年生草本平卧，高10～50cm。茎纤细，多分枝，被开展柔毛；根茎木质。叶为羽状三出复叶，小叶3；小托叶狭卵形，长0.5～0.8mm，被柔毛；小叶柄长0.5～2mm，被柔毛。花单生或2～3朵簇生于叶腋；苞片狭卵形，长约4mm，宽约1.3mm，外面散生贴伏柔毛；花梗长3～8mm；花萼长约3mm，密被白色长柔毛，5深化裂，裂片狭披针形，较萼筒长；花冠紫红色。

【繁育规律】三点金自然繁殖多以地上匍匐茎节潜伏枝为主，花、果期6～10月。

【地理分布】生于海拔180～570m的旷野、草地、路旁或河边沙土上。在我国产于浙江（龙泉）、福建、江西、广东、海南、广西、云南、台湾等地。印度、斯里兰卡、尼泊尔、缅甸、泰国、越南、马来西亚，大洋洲和美洲热带地区，以及太平洋群岛也有分布。

【防治方法】①人工除草，在结果前拔除；②化学除草，使用除草剂定向喷雾（莠去津、乙草胺、烟嘧磺隆等）；③结合种植绿肥覆盖地表，进行综合治理。

5.6.4 三尖叶猪屎豆

三尖叶猪屎豆（*Crotalaria micans*），别称美洲野百合、黄野百合，隶属于植物界被子植物门双子叶植物纲蔷薇目豆科（Leguminosae）猪屎豆属（*Crotalaria*）。

【危害特点】主要危害小麦、玉米、大豆、牧草。

【识别特征】草本或亚灌木，体高约2m；茎枝圆柱形，粗壮，各部密被锈色贴伏毛。托叶线形，极细小，宿存或早落；叶三出，柄长2~5cm，小叶质薄，椭圆形或长椭圆形，先端渐尖，具短尖头，基部楔形，上面仅中脉有毛，下面略被短柔毛，顶生小叶较侧生小叶大，两面叶脉清晰，侧脉8~15对，小叶柄约2mm。花序顶生，有花20~30朵；苞片细小，线形，早落，小苞片的形状与苞片相似，生于花梗中部以上；花梗长5~7mm；花萼近钟形，5裂，萼齿阔披针形，与萼筒近等长，密被锈色丝质柔毛；花冠黄色，伸出萼外，旗瓣圆形，先端圆或微凹，基部具胼胝体二枚，垫状，翼瓣长圆形，龙骨瓣中部以上弯曲，几达90°，长约10mm。荚果长圆形，幼时密被锈色柔毛，成熟后部分脱落，花柱宿存；果颈长2~4mm；种子20~30粒，马蹄形，成熟时黑色，光滑。

【繁育规律】草本或亚灌木，以种子进行繁殖，花果期5~12月。

【地理分布】现分布在我国的福建、台湾、广东、广西、云南等地。

【防治方法】①人工除草，反复多次清除较有效；②化学除草使用除草剂定向喷雾；③结合种植绿肥覆盖地表，进行综合治理。

5.6.5 含羞草决明

含羞草决明（*Cassia mimosoides*），别称水皂角，隶属于植物界被子植物门双子叶植物纲蔷薇目豆科（Leguminosae）决明属（*Cassia*）。

【危害特点】分布于田间路边，夏季生长旺盛，与作物争夺养分，危害作物生长。

【识别特征】一年生草本，株高30~60cm，稍有毛，分枝或不分枝。叶长4~8cm，有小叶8~28枚，在叶柄的上端有黑褐色、盘状、无柄腺体1枚；小叶长5~9mm，带状披针形，稍不对称。花生于叶腋，有柄，单生，或2至数朵组成短的总状花序；萼片5，分离，外面疏被柔毛；花瓣5枚，黄色；雄蕊4枚，有时5枚；子房密被短柔毛。荚果扁平，有毛，开裂，长3~8cm，宽约5mm，有种子6~12粒；种子扁，近菱形，平滑。

【繁育规律】一年生植物，以种子繁殖，夏季生长旺盛，7~9月是生长高峰期，8月初花期，花期可延续至初霜。种子采收期在10~11月，含羞草决明遇霜地上部枯死，接地部的主茎及根仍能宿存，翌年春季萌芽再长，也可落地种子萌发再生。

【地理分布】喜高温、耐贫瘠、耐旱、耐酸、耐热。耐轻度霜冻。原产于圭亚那。在我国福建、广东、江西、湖南等地有栽培。澳大利亚及南美洲等地也有栽培。

【防治方法】苗期及时进行人工锄草，花期前喷施草甘膦等除草剂。对于农田中的含羞草决明应彻底铲除，防止其枯落物再次对农作物产生化感作用，以保护农作物的生长。

5.6.6 田菁

田菁（*Sesbania cannabina*），隶属于植物界被子植物门双子叶植物纲蔷薇目豆科（Leguminosae）田菁属（*Sesbania*）。

【危害特点】快速逸生为常见杂草，发生量大，常形成优势种群。

【识别特征】茎绿色，有时带褐色、红色，微被白粉，有不明显淡绿色线纹，平滑，基部有多数不定根，幼枝疏被白色绢毛，后秃净，折断有白色黏液，枝髓粗大充实。羽状复叶；总状花序，雄蕊二体，对旗瓣的1枚分离，花药卵形至长圆形；雌蕊无毛，柱头头状，顶生。荚果细长，长圆柱形，种子绿褐色，有光泽，短圆柱状，种脐圆形，稍偏于一端。

【繁育规律】一年生草本植物，种子繁殖，花果期7～12月。

【地理分布】常生于水田、水沟等潮湿低地。在我国分布于江苏、浙江、江西、福建、广西、海南、云南。伊拉克、印度、马来西亚、巴布亚新几内亚、澳大利亚、加纳、毛里塔尼亚、新喀里多尼亚和中南半岛也有分布。

【防治方法】①人工除草；②化学除草用莠去津、草甘膦等除草剂防治；③在除草剂奏效之后采取精细的栽培管理方式进行有效控制。

5.6.7 合萌

合萌（*Aeschynomene indica*），别称田皂角、水松柏、水槐子、水通草，隶属于植物界被子植物门双子叶植物纲蔷薇目豆科（Leguminosae）合萌属（*Aeschynomene*）。

【危害特点】合萌喜温暖，能耐高温，适应在浅水或潮湿之处生长，能耐阴、耐酸，但抗旱力弱。

【识别特征】一年生草本或亚灌木状，茎直立，高0.3～1m。多分枝，圆柱形，无毛，具小凸点而稍粗糙，小枝绿色。叶具20～30对小叶或更多；托叶膜质，卵形至披针形，长约1cm，基部下延成耳状；叶柄长约3mm；总状花序比叶短，腋生；花梗长约1cm；花冠淡黄色，具紫色的纵脉纹，易脱落，旗瓣大，近圆形，基部具极短的瓣柄，荚果线状长圆形，直或弯曲，长3～4cm，宽约3mm，腹缝直，背缝稍呈波状；荚节平滑或中央有小疣凸，不开裂，成熟时逐节脱落；种子黑棕色，肾形。

【繁育规律】花期7～8月，果期8～10月。

【地理分布】常野生于低山区的湿润地、水田边或溪河边。在我国除草原、荒漠外，全国林区及其边缘均有分布。朝鲜、日本，非洲、大洋洲及亚洲热带地区也有分布。

【防治方法】①人工除草；②化学除草，使用化学除草剂（吡嘧磺隆）。

5.6.8 光萼猪屎豆

光萼猪屎豆（*Crotalaria zanzibarica*），别称南美猪屎豆，隶属于植物界被子植物门双子叶植物纲蔷薇目豆科（Leguminosae）猪屎豆属（*Crotalaria*）。

【危害特点】入侵杂草，耐干旱，耐贫瘠，适应性广，易与作物争水争肥。

【识别特征】草本或亚灌木，体高达2m；茎枝圆柱形，具小沟纹，被短柔毛。托叶极细小，钻状，长约1mm；叶三出，叶柄长3~5cm，小叶长椭圆形，两端渐尖，长6~10cm，宽1~2（~3）cm，先端具短尖，上面绿色，光滑无毛，下面青灰色，被短柔毛；小叶柄长约2mm。总状花序顶生，有花10~20朵，花序长达20cm；苞片线形，长2~3mm，小苞片与苞片同形，稍短小，生于花梗中部以上；花梗长3~6mm，在花蕾时挺直向上，开花时屈曲向下，结果时下垂；花萼近钟形，长4~5mm，5裂，萼齿三角形，约与萼筒等长，无毛；荚果长圆柱形，长3~4cm，幼时被毛，成熟后脱落，果皮常呈黑色，基部残存宿存花丝及花萼；种子20~30粒，肾形，成熟时朱红色。

【繁育规律】草本或亚灌木，以种子进行繁殖，花果期4~12月。

【地理分布】生于田园路边及荒山草地中。原产于南美洲。现栽培或逸生于我国福建、台湾、湖南、广东、海南、广西、四川、云南等省（自治区）。分布于非洲、亚洲、大洋洲、美洲热带地区。

【防治方法】①人工除草；②化学除草使用化学除草剂除草；③结合种植绿肥覆盖地表，进行综合治理。

5.6.9 光荚含羞草

光荚含羞草（*Mimosa sepiaria*），隶属于植物界被子植物门双子叶植物纲蔷薇目豆科（Leguminosae）含羞草属（*Mimosa*）。

【危害特点】光荚含羞草有种子繁殖和营养繁殖2种繁殖模式，繁殖体数量大，传播范围广，生长迅速，繁殖能力强，能够在较短时间内形成单优群落，排挤当地物种，再生能力很强，生长迅速，栽后当年就能长到2m左右。种子可在较广的温度范围内（15~40℃）发芽。中国南部众多地区都是其可能入侵的范围。

【识别特征】落叶灌木，高3~6m；小枝无刺，密被黄色茸毛。二回羽状复叶，羽片6~7对，长2~6cm，叶轴无刺，被短柔毛，小叶12~16对，线形，长5~7mm，宽1~1.5mm，革质，先端具小尖头，除边缘疏具缘毛外，余无毛，中脉略偏上缘；花白色；花萼杯状，极小；花瓣长圆形，长约2mm，仅基部连合；雄蕊8枚，花丝长4~5mm。荚果带状，劲直，长3.5~4.5cm，宽约6mm，无刺毛，褐色，通常有5~7个荚节，成熟时荚节脱落而残留荚缘。

【繁育规律】落叶灌木；通过种子进行繁殖，花期8月，果期9~10月。

【地理分布】原产于热带美洲。在中国广东南部沿海地区，逸生于疏林下。

【防治方法】①人工除草在结果前拔除；②化学除草使用除草剂定向喷雾（阿莠去津、乙草胺、烟嘧磺隆等）；③结合种植绿肥覆盖地表，进行综合治理。

5.6.10 决明

决明（*Cassia tora*），别称假花生、草决明、羊明、羊角、马蹄决明，隶属于植物界被子植物门双子叶植物纲蔷薇目豆科（Leguminosae）决明属（*Cassia*）。

【危害特点】 生长旺盛，适应性强，其常能感染真菌病害，从而影响田间作物，对作物的产量造成影响。

【识别特征】 直立、粗壮，一年生亚灌木状草本，高1~2m。叶长4~8cm；叶柄上无腺体；叶轴上每对小叶间有棒状的腺体1枚；小叶3对，膜质，倒卵形或倒卵状长椭圆形，长2~6cm，宽1.5~2.5cm，顶端圆钝而有小尖头，基部渐狭，偏斜，上面被稀疏柔毛，下面被柔毛；小叶柄长1.5~2mm；托叶线状，被柔毛，早落。花腋生，通常2朵聚生；总花梗长6~10mm；花梗长1~1.5cm，丝状；萼片稍不等大，卵形或卵状长圆形，膜质，外面被柔毛，长约8mm；花瓣黄色，下面二片略长，长12~15mm，宽5~7mm；能育雄蕊7枚，花药四方形，顶孔开裂，长约4mm，花丝短于花药；子房无柄，被白色柔毛。荚果纤细，近四棱形，两端渐尖，长达15cm，宽3~4mm，膜质；种子约25粒，菱形，光亮。花果期8~11月。

【繁育规律】 直立、粗壮，一年生亚灌木状草本，以种子进行繁殖，花果期8~11月。

【地理分布】 生于山坡、旷野及河滩沙地上。在我国长江以南各省（自治区、直辖市）普遍分布。原产于美洲热带地区。在世界热带、亚热带地区广泛分布。

【防治方法】 ①人工除草；②化学除草使用化学除草剂除草；③结合种植绿肥覆盖地表，进行综合治理。

5.6.11 距瓣豆

距瓣豆（*Centrosema pubescens*），别称蝴蝶豆、山珠豆。隶属于植物界被子植物门双子叶植物纲蔷薇目豆科（Leguminosae）距瓣豆属（*Centrosema*）。

【危害特点】 目前在海南为恶性杂草。每年6~10月为生长旺季，严重影响海南经济作物产量，如木薯、橡胶。

【识别特征】 多年生草质藤本。各部分略被柔毛，茎纤细。叶具羽状3小叶；托叶卵形至卵状披针形，长2~3mm，具纵纹，宿存；叶柄长2.5~6cm；小叶薄纸质，顶生小叶椭圆形、长圆形或近卵形，长4~7cm，宽2.5~5cm，先端急尖或短渐尖，基部钝或圆，两面薄被柔毛；侧脉纤细，每边5~6条，近边缘处联结；侧生小叶略小，稍偏斜；小托叶小，刚毛状；小叶柄短，长1~2mm，但顶生1枚较长。总状花序腋生；总花梗长2.5~7cm；苞片与托叶相仿；小苞片宽卵形至宽椭圆形，具明显线纹，与萼贴生，比苞片大；花2~4朵，常密集于花序顶部；花萼5齿裂，上部2枚多少合生，下部1枚最长，线形；花冠淡紫红色，长2~3cm，旗瓣宽圆形，背面密被柔毛，近基部具一短距，翼瓣镰状倒卵形，一侧具下弯的耳，龙骨瓣宽而内弯，近半圆形，各瓣具短瓣柄；雄蕊二体。荚果线形，长7~13cm，宽约5mm，扁平，先端渐尖，具直而细长的喙，喙长10~15mm，果瓣近背腹两缝线均凸起呈脊状；种子7~15粒，长椭圆形，无种阜，种脐小。花期11~12月。

【繁育规律】 用种子和扦插方式进行繁殖。

【地理分布】 距瓣豆原产于热带南美洲，分布东南亚各国。中国广东、海南、台湾、江苏、云南有引种栽培。

【防治方法】 ①人工除草；②化学除草使用化学除草剂除草；③结合种植绿肥覆盖地表，进行综合治理。

5.6.12 九叶木蓝

九叶木蓝（*Indigofera linnaei*），别称铺地木兰，隶属于植物界被子植物门双子叶植物纲蔷薇目豆科（Leguminosae）木蓝属（*Indigofera*）。

【危害特点】适应能力强，再生能力强。常常会对作物产量产生影响。

【识别特征】一年生或多年生草本；多分枝。茎基部木质化，枝纤细平卧，长10～40cm，上部有棱，下部圆柱形，被白色平贴丁字毛。羽状复叶长1.5～3cm；叶柄极短；托叶膜质，披针形，长约3mm；小叶2～5对，互生，近无柄，狭倒卵形或长椭圆状卵形至倒披针形，长3～8mm，宽1～3.5mm，先端圆钝，有小尖头，基部楔形，两面有白色粗硬丁字毛，中脉上面凹入。总状花序短缩，长4～10mm，花10～20朵，密集；无总花梗；苞片膜质，卵形至披针形，长1.5～2mm，有柔毛，边缘有睫毛；花梗短，长约0.5mm，有粗硬毛；花萼杯状，萼筒长约1mm，萼齿线状披针形，渐尖头，最下萼齿长约1.5mm；花冠紫红色，长约3mm，稍伸出萼外；子房椭圆形，有毛。

【繁育规律】一年生或多年生草本；可通过种子和扦插方式进行繁殖，花期8月，果期11月。

【地理分布】生长于海边、干燥的沙土地及松林边缘。在我国产于海南、云南。澳大利亚、印度尼西亚、越南、泰国、缅甸、印度（锡金）、尼泊尔、斯里兰卡、巴基斯坦及热带非洲西部也有分布。

【防治方法】①人工除草；②化学除草使用化学除草剂除草；③结合种植绿肥覆盖地表，进行综合治理。

5.6.13 狭叶猪屎豆

狭叶猪屎豆（*Crotalaria ochroleuca*）隶属于植物界被子植物门双子叶植物纲蔷薇目豆科（Leguminosae）猪屎豆属（*Crotalaria*）。

【危害特点】生于荒地薄土密阴干燥处。

【识别特征】狭叶猪屎豆是一种直立草本或亚灌木植株，体高约150cm。茎枝通常有棱，幼时被短柔毛，后渐无毛，花冠淡黄色或白色，远伸出萼外，旗瓣长圆形，荚果长圆形。

【繁育规律】种子繁殖，花果期8～12月，耐旱，耐贫瘠，抗逆性强。

【地理分布】喜生于荒地薄土密阴干燥处。栽培或逸生于我国广东、海南及广西。原产于非洲。

【防治方法】①人工除草；②化学除草使用化学除草剂除草；③结合种植绿肥覆盖地表，进行综合治理。

5.6.14 含羞草

含羞草（*Mimosa pudica*）隶属于植物界被子植物门双子叶植物纲蔷薇目豆科（Leguminosae）含羞草属（*Mimosa*）。

【危害特点】喜温暖湿润、阳光充足的环境；适生于排水良好、富含有机质的砂质壤土；株体健壮，生长迅速，适应性较强。

【识别特征】多年生，披散、亚灌木状草本，高可达1m；茎圆柱状，具分枝，有散生、下弯的钩刺及倒生刺毛。托叶披针形，有刚毛。羽片和小叶触之即闭合而下垂；羽片通常2对，指状排列于总叶柄之顶端；小叶10～20对，线状长圆形，先端急尖，边缘具刚毛。头状花序圆球形，具长总花梗，单生或2或3个生于叶腋；花小，淡红色，多数；苞片线形；花萼极小；花冠钟状，裂片4，外面被短柔毛；雄蕊4枚，伸出于花冠之外；子房有短柄，无毛；胚珠3～4颗，花柱丝状，柱头小。荚果长圆形，扁平，稍弯曲，荚缘波状，具刺毛，成熟时荚节脱落，荚缘宿存；种子卵形，长3.5mm。

【繁育规律】多年生、有刺草本或灌木，多为藤本；种子繁殖，花期7～8月，秋季结果。

【地理分布】生于旷野荒地、灌木丛中。在我国产于台湾、福建、广东、广西、云南等地，长江流域常有栽培供观赏。原产于热带美洲，现广布于世界热带地区。

【防治方法】①人工除草；②化学除草使用化学除草剂除草；③结合种植绿肥覆盖地表，进行综合治理。

5.6.15 紫花大翼豆

紫花大翼豆（*Macroptilium atropurpureum*）隶属于植物界被子植物门双子叶植物纲蔷薇目豆科（Leguminosae）大翼豆属（*Macroptilium*）。

【危害特点】海南入侵植物。

【识别特征】根茎深入土层；茎被短柔毛或茸毛，逐节生根。羽状复叶具3小叶；托叶卵形，长4~5mm，被长柔毛，脉显露；小叶卵形至菱形，有时具裂片，侧生小叶偏斜，外侧具裂片，先端钝或急尖，基部圆形，上面被短柔毛，下面被银色茸毛；叶柄长0.5~5cm。花序轴长1~8cm，总花梗长10~25cm；花萼钟状，长约5mm，被白色长柔毛，具5齿；花冠深紫色，旗瓣长1.5~2cm，具长瓣柄。荚果线形，长5~9cm，宽不逾3mm，顶端具喙尖，具种子12~15粒；种子长圆状椭圆形，长约4mm，具棕色及黑色大理石花纹，具凹痕。

【繁育规律】多年生蔓生草本，种子繁殖。5月生长速度达到最快，一直持续到秋季。60~80天开花结荚，90~100天种荚陆续成熟，一年中于3~12月可开花，6~12月种子成熟。

【地理分布】分布于中国广东及广东沿海岛屿。原产于热带美洲，现世界上热带、亚热带许多地区均有栽培或已在当地归化。

【防治方法】①人工除草；②化学除草使用化学除草剂除草；③结合种植绿肥覆盖地表，进行综合治理。

5.7 苋科（Amaranthaceae）

5.7.1 喜旱莲子草

喜旱莲子草（*Alternanthera philoxeroides*），别称革命草、水花生，隶属于植物界被子植物门双子叶植物纲中央种子目苋科（Amaranthaceae）莲子草属（*Alternanthera*）。

【危害特点】排挤其他植物，使群落物种单一化；覆盖水面，影响鱼类生长和捕捞；在农田危害作物，使产量受损；田间沟渠大量繁殖，影响农田排灌。在新环境里繁殖蔓延，与当地种竞争生长所需资源，使本地种的生长受到胁迫，导致群落的生存空间降低。喜旱莲子草入侵某群落后，通常会形成大小不等的斑块状群落镶嵌体，随入侵时间的增加，它又会通过快速的分枝使盖度不断增加。

【识别特征】上部上升，管状，不明显4棱，长55~120cm，具分枝，幼茎及叶腋有白色或锈色柔毛，茎老时无毛，仅在两侧纵沟内保留。叶片矩圆形、矩圆状倒卵形或倒卵状披针形，顶端急尖或圆钝，具短尖，基部渐狭，全缘，两面无毛或上面有贴生毛及缘毛，下面有颗粒状突起。花密生，呈具总花梗的头状花序，单生在叶腋，球形。果实未见。

【繁育规律】多年生草本；以种子进行繁殖，花期5~10月。

【地理分布】生在池沼、水沟内。原产于巴西，我国引种于北京、江苏、浙江、江西、湖南、福建，后逸为野生。

【防治方法】①人工除草在结果前拔除；②化学除草使用除草剂定向喷雾（整形素、水花生净、使它隆、草甘膦）；③结合种植绿肥覆盖地表，进行综合治理。

5.7.2 皱果苋

皱果苋（*Amaranthus viridis*），别称绿苋、野苋，隶属于植物界被子植物门双子叶植物纲中央种子目苋科（Amaranthaceae）苋属（*Amaranthus*）。

【危害特点】 是菜地和秋旱作物田间的杂草，危害玉米、大豆、棉花、薄荷、甘薯等。种子产量高，寿命长，传播方式多样，可伴随自然界的风力、水力，以及人类或动物传播，到达草坪则成为杂草害，到达作物和蔬菜地则影响其产量。这是由于它们比土著种耐寒耐旱，在生长期间需水少，生长速度更快，在土壤肥力瘠薄的地区也能生长良好。其成体植株具有很强的抗逆性、叶量大、多分枝、生物产量高。

【识别特征】 茎直立，有不显明棱角，稍有分枝，绿色或带紫色。叶片卵形、卵状矩圆形或卵状椭圆形，长3～9cm，宽2.5～6cm，顶端尖凹或凹缺，少数圆钝。圆锥花序顶生，由穗状花序形成，圆柱形，细长，直立，顶生花穗比侧生者长；胞果扁球形，直径约2mm，绿色，不裂，极皱缩，超出花被片。种子近球形，直径约1mm，黑色或黑褐色，具薄且锐的环状边缘。

【繁育规律】 一年生草本，以种子进行繁殖，传播方式多样，可伴随自然界的风力、水力，以及人类或动物传播，花期6～8月，果期8～10月。

【地理分布】 生在人类活动区附近的杂草地上或田野间。在我国产于东北、华北、华东、华南，以及陕西、云南。原产于非洲热带地区，广泛分布在世界各地的温带、亚热带和热带地区。

【防治方法】 ①人工除草；②化学除草使用除草剂定向喷雾（二甲四氯、甲磺隆）；③生物防治：从外来有害植物的原产地引进食性专一的天敌，将有害植物的种群密度控制在生态和经济危害水平之下，包括引进病原体、昆虫等来控制外来植物。

5.7.3 凹头苋

凹头苋（*Amaranthus lividus*），别称野苋，隶属于植物界被子植物门双子叶植物纲中央种子目苋科（Amaranthaceae）苋属（*Amaranthus*）。

【危害特点】1864年在台湾被发现，为菜地和秋旱作物田间杂草，还可沿道路侵入自然生态系统。为常见的宅旁杂草，对蔬菜生产有一些影响，偶尔也侵入秋旱作物田。

【识别特征】一年生草本，高10~30cm，全体无毛；茎伏卧而上升，从基部分枝，淡绿色或紫红色。叶片卵形或菱状卵形，长1.5~4.5cm，宽1~3cm，顶端凹缺，有1芒尖，或微小不显，基部宽楔形，全缘或稍呈波状；叶柄长1~3.5cm。花呈腋生花簇，直至下部叶的腋部，生在茎端和枝端者呈直立穗状花序或圆锥花序；苞片及小苞片矩圆形，长不及1mm；花被片矩圆形或披针形，长1.2~1.5mm，淡绿色，顶端急尖，边缘内曲，背部有1隆起中脉；雄蕊比花被片稍短；柱头3或2，果熟时脱落。胞果扁卵形，长3mm，不裂，微皱缩而近平滑，超出宿存花被片。种子环形，直径约12mm，黑色至黑褐色，边缘具环状边。

【繁育规律】种子繁殖。在西北地区从5月上旬至10月上旬均有发生，5~8月发生数占全年发生数90%以上，5月中旬与8月下旬是两个出苗高峰期。凹头苋一年可完成两个生活周期。第一代5月上旬出苗，5月下旬分枝，6月中旬现蕾，6月下旬至7月上旬开花、结果，7月中、下旬成熟。第二代8月上、中旬出苗，8月下旬为出苗高峰，9月开花、结果，临冬植株枯死。

【地理分布】生在田野、人类活动区附近的杂草地上。在我国，除内蒙古、宁夏、青海、西藏外，各地广泛分布。日本，欧洲、非洲北部及南美洲也有分布。

【防治方法】①中耕作物与矮棵密播作物轮作。在作物生育期适时中耕除草3或4次；②真菌链格孢菌*Alternaria alternate*可导致叶片坏死，植株萎蔫死亡；③化学除草，采用50%扑草净、50%利谷隆可湿性粉剂。

5.7.4 土牛膝

土牛膝（Achyranthes aspera），别称牛膝、柳叶牛膝、粗毛牛膝、钝叶土牛膝，隶属于植物界被子植物门双子叶植物纲中央种子目苋科（Amaranthaceae）牛膝属（Achyranthes）。

【危害特点】生长迅速，易与农作物竞争养分与阳光，易建立杂草种群，不易防治。

【识别特征】根细长，四棱形，有柔毛，节部稍膨大，分枝对生。叶片纸质，宽卵状倒卵形或椭圆状矩圆形，顶端圆钝，具突尖，基部楔形或圆形，全缘或波状缘，两面密生柔毛，或近无毛。穗状花序顶生，直立，花期后反折；总花梗具棱角，粗壮，坚硬，密生白色伏贴或开展柔毛，疏生；苞片披针形，顶端长渐尖，小苞片刺状，坚硬，光亮，常带紫色，基部两侧各有1个薄膜质翅，全缘，全部贴生在刺部，但易于分离；花被片披针形，长渐尖，花后变硬且锐尖，退化雄蕊顶端截状或细圆齿状，具分枝流苏状长缘毛。胞果卵形，种子卵形，不扁压，棕色。

【繁育规律】多年生草本，以种子进行繁殖，花期6~8月，果期10月。

【地理分布】在我国产于湖南、江西、福建、台湾等地。印度、越南、菲律宾、马来西亚等地也有分布。

【防治方法】①人工除草；②化学除草使用化学除草剂；③结合种植绿肥覆盖地表，进行综合治理。

5.7.5 青葙

青葙（*Celosia argentea*），别称野鸡冠花、鸡冠花、百日红、狗尾草，隶属于植物界被子植物门双子叶植物纲中央种子目苋科（Amaranthaceae）青葙属（*Celosia*）。

【危害特点】种子多，繁殖快，吸肥力强，与作物竞争肥料，影响作物产量与品质，有一定的抗寒力和耐旱力。

【识别特征】高0.3~1m，全体无毛；茎直立，有分枝，绿色或红色，具明显条纹。叶片矩圆披针形、披针形或披针状条形，少数卵状矩圆形，绿色常带红色，顶端急尖或渐尖，具小芒尖，基部渐狭；叶柄长2~15mm，或无叶柄。花多数，密生，在茎端或枝端形成单一、无分枝的塔状或圆柱状穗状花序，长3~10cm；苞片及小苞片披针形，白色，光亮，顶端渐尖，延长成细芒，具1中脉，在背部隆起；花被片矩圆状披针形，初为白色顶端带红色，或全部粉红色，后呈白色，顶端渐尖，具1中脉，在背面凸起；花丝长5~6mm，分离部分长2.5~3mm，花药紫色；子房有短柄，花柱紫色，长3~5mm。胞果卵形，包裹在宿存花被片内。种子凸透镜状肾形。

【繁育规律】一年生草本，以种子进行繁殖，花期5~8月，果期6~10月。

【地理分布】生于海拔20~1500m以下平原、田边、丘陵、山坡。产于我国山东、江苏、安徽、浙江、福建、台湾、江西、湖北、湖南、广东、海南、广西、贵州、云南、四川、甘肃、陕西、河南。

【防治方法】①人工除草；②化学除草使用化学除草剂草甘膦除草；③结合种植绿肥覆盖地表，进行综合治理。

5.7.6 刺花莲子草

刺花莲子草（*Alternanthera pungens*），别称地雷草，隶属于植物界被子植物门双子叶植物纲原始花被亚纲中央种子目苋科（Amaranthaceae）莲子草属（*Alternanthera*）。

【危害特点】一般性杂草。花被片顶端变成刺后扎人，伤害人畜。1957年在四川芦山首次发现，蔓延很快。

【识别特征】茎披散，匍匐，有多数分枝，铺在地面20～30cm，密生伏贴白色硬毛。叶片卵形、倒卵形或椭圆倒卵形，在一对叶中大小不等，顶端圆钝，有一短尖，基部渐狭，两面无毛或疏生伏贴毛；叶柄长3～10mm，无毛或有毛。头状花序无总花梗，1～3个，腋生，白色，球形或矩圆形；苞片披针形，长约4mm，顶端有锐刺；小苞片披针形，顶端渐尖，无刺；花被片大小不等，2外花被片披针形，凸形，在下半部有3脉，花期后变硬，近基部有丛毛，中脉伸出成锐刺，中部花被片长椭圆形，扁平，近顶端牙齿状，凸尖，近基部有丛毛，2内花被片小，凸形，环包子房，在背部有丛毛；雄蕊5，花丝长0.5～0.75mm；退化雄蕊远比花丝短，全缘、凹缺或不规则牙齿状；花柱极短。胞果宽椭圆形，长1～1.5mm，褐色，极扁平，顶端截形或稍凹。花期5月，果期7月。

【繁育规律】一年生草本，种子繁殖，花期5月，果期7月。

【地理分布】适应能力强，可生长在褐土、铁矾土以及平原、干热河谷等环境下，常见于小溪畔、排水沟道、路边、农家庭院、海边旷地、耕地边、河漫滩、荒地。在我国福建厦门海边有分布。原产于南美洲，现广布于世界温暖地区。

【防治方法】农业防治：①采取轮作、施用腐熟的厩肥、合理密植、深耕等，综合运用各项措施；②用有经济或生态价值的本地植物取代刺花莲子草。物理防治：在开花结果前，用割草机割去地上部分，减少种子量。化学防治：①在开花前每亩使用60～80g 20%的草铵膦，兑水30kg，对茎叶喷施；②在生长期每亩使用40～200g 41%的草甘膦或10%的草甘膦铵盐水剂，兑水30kg，对茎叶喷施。

5.7.7 刺苋

刺苋（*Amaranthus spinosus*），别称笀苋菜、勒苋菜，隶属于植物界被子植物门双子叶植物纲原始花被亚纲中央种子目苋科（Amaranthaceae）苋属（*Amaranthus*）。

【危害特点】生长快，数量多，危害农田、蔬菜地和果园，严重消耗土壤肥力，成熟株形成刺，清除困难，易伤人畜。

【识别特征】高30～100cm；茎直立，圆柱形或钝棱形，多分枝，有纵条纹，绿色或带紫色，无毛或稍有柔毛。叶片菱状卵形或卵状披针形，顶端圆钝，具微凸头，基部楔形，全缘，无毛或幼时沿叶脉稍有柔毛。胞果矩圆形，在中部以下不规则横裂，包裹在宿存花被片内。种子近球形，直径约1mm，黑色或带棕黑色。胞果矩圆形，长1～1.2mm，在中部以下不规则横裂，包裹在宿存花被片内。

【繁育规律】一年生草本，以种子进行繁殖，花果期7～11月。

【地理分布】生于海拔300～800m的旷地或园圃。在我国分布于陕西、河南、安徽、江苏、浙江、江西、湖南、湖北、四川、云南、贵州、广西、广东、福建、台湾等地。日本、印度、马来西亚、菲律宾，以及美洲和中南半岛等地皆有分布。

【防治方法】①人工除草；②化学除草使用化学除草剂；③结合种植绿肥覆盖地表，进行综合治理。

5.7.8 苋

苋（*Amaranthus tricolor*），别称雁来红、老少年、老来少、三色苋，隶属于植物界被子植物门双子叶植物纲中央种子目苋科（Amaranthaceae）苋属（*Amaranthus*）。

【危害特点】危害农作物及家畜，能够引起人类皮肤过敏，常污染作物种子，影响收获。

【识别特征】一年生草本植物，高可达150cm；茎粗壮，绿色或红色，常分枝，幼时有毛或无毛。叶片卵形、菱状卵形或披针形，绿色或常呈红色、紫色或黄色，或部分绿色夹杂其他颜色，顶端圆钝或尖凹，基部楔形，全缘或波状缘，无毛。

【繁育规律】喜温、喜光，最适生长温度为23～27℃，耐旱、耐盐碱，种子繁殖，10℃以下种子发芽困难，夏秋季播苋菜只需3～5天出苗。

【地理分布】全国各地均有栽培，有时逸为半野生。原产于印度，分布于亚洲南部、中亚等地。

【防治方法】①人工除草；②化学除草使用化学除草剂；③结合种植绿肥覆盖地表，进行综合治理。

5.7.9 银花苋

银花苋（*Gomphrena celosioides*）别称鸡冠千日红、假千日红、野生千日红、伏生千日，隶属于植物界被子植物门双子叶植物纲中央种子目苋科（Amaranthaceae）千日红属（*Gomphrena*）。

【危害特点】一般性杂草。多为田边杂草，危害轻。

【识别特征】直立或披散草本，高约35cm。茎被贴生白色长柔毛。单叶对生；叶柄短或无；叶片长椭圆形至近匙形，长3~5cm，宽1~1.5cm；头状花序顶生，银白色，初呈球状，后呈长圆形，长约2cm以上；无总花梗。

【繁育规律】宿根性草本或一年生草本，种子繁殖，花果期2~5月。

【地理分布】生在路旁草地。分布于我国广东、台湾，以及海南岛、西沙群岛。原产于美洲热带地区，现分布于世界热带地区。

【防治方法】①人工除草；②化学除草使用除草剂定向喷雾（整形素、水花生净、使它隆、草甘膦）；③结合种植绿肥覆盖地表，进行综合治理。

5.8 茄科（Solanaceae）

5.8.1 少花龙葵

少花龙葵（*Solanum photeinocarpum*），别称白花菜、古钮菜、扣子草、打卜子、古钮子、衣扣草、痣草，隶属于植物界被子植物门双子叶植物纲管状花目茄科（Solanaceae）茄属（*Solanum*）。

【危害特点】少花龙葵能与农作物竞争水分和营养，严重侵害棉花、高粱、小麦和玉米等农作物生产。

【识别特征】纤弱草本，茎无毛或近于无毛，高约1m。叶薄，卵形至卵状长圆形，长4~8cm，宽2~4cm，先端渐尖，基部楔形下延至叶柄而形成翅，叶缘近全缘，波状或有不规则的粗齿，两面均具疏柔毛，有时下面近于无毛；叶柄纤细，长1~2cm，具疏柔毛。花序近伞形，腋外生，纤细，具微柔毛，着生1~6朵花，总花梗长1~2cm，花梗长5~8mm，花小，直径约7mm；萼绿色，直径约2mm，5裂达中部，裂片卵形，先端钝，长约1mm，具缘毛；花冠白色，筒部隐于萼内，长不及1mm，冠檐长约3.5mm，5裂，裂片卵状披针形，长约2.5mm；花丝极短，花药黄色，长圆形，长1.5mm，为花丝长度的3~4倍，顶孔向内；子房近圆形，直径不及1mm，花柱纤细，长约2mm，中部以下具白色绒毛，柱头小，头状。浆果球状，直径约5mm，幼时绿色，成熟后黑色；种子近卵形，两侧压扁，直径1~1.5mm。几乎全年均开花结果。

【繁育规律】纤弱草本，以种子进行繁殖，几乎全年均开花结果。

【地理分布】生于路旁、溪旁和村边荒地等阴湿处。在我国分布于台湾、福建、江西、湖南、广西等地。

【防治方法】①人工除草；②化学除草使用除草剂定向喷雾（乙草胺、乙氧氟草醚）；③结合种植绿肥覆盖地表，进行综合治理。

5.8.2 黄果茄

黄果茄（*Solanum xanthocarpum*），别称刺茄、野茄果、大苦果、黄果珊瑚、马刺，隶属于植物界被子植物门双子叶植物纲管状花目茄科（Solanaceae）茄属（*Solanum*）。

【危害特点】黄果茄能与农作物竞争水分、养分和光照，影响农作物的正常生长和产量。

【识别特征】直立或匍匐草本，高50~70cm，叶卵状长圆形，长4~6cm，宽3~4.5cm，先端钝或尖，基部近心形或不相等，边缘通常5~9裂或羽状深裂，裂片边缘波状，两面均被星状短绒毛。聚伞花序腋外生，通常3~5花，花蓝紫色，直径约2cm；萼钟形，直径约1cm，外面被星状绒毛及尖锐的针状皮刺；花冠辐状，直径约2.5cm；雄蕊5枚，长约9mm，花药长约为花丝长度的8倍；子房卵圆形，直径约2mm，顶部疏被星状绒毛，花柱纤细，长约1cm，被极稀疏的绒毛及星状绒毛，柱头截形。浆果球形，直径1.3~1.9cm，初时绿色并具深绿色的条纹，成熟后则变为淡黄色；种子近肾形，扁平，直径约1.5mm。

【繁育规律】直立或匍匐草本，以种子进行繁殖，花期冬到夏季，果熟期夏季。

【地理分布】喜生于海拔125~880m的干旱河谷沙滩上，个别达海拔1100m。星散分布于我国湖北、四川、云南、海南、台湾。广泛分布于印度、斯里兰卡、马来西亚、越南、泰国、日本南部，大洋洲及亚洲热带地区、阿拉伯地区也有分布。

【防治方法】①人工除草；②化学除草使用化学除草剂除草；③结合种植绿肥覆盖地表，进行综合治理。

5.8.3 小酸浆

小酸浆（*Physalis minima*），隶属于植物界被子植物门双子叶植物纲管状花目茄科（Solanaceae）茄属（*Solanum*）。

【危害特点】侵染作物，抑制作物生长。

【识别特征】一年生草本，根细瘦；主轴短缩，顶端多二歧分枝，分枝披散而卧于地上或斜升，生短柔毛。叶柄细弱；叶片卵形或卵状披针形，顶端渐尖，基部歪斜楔形，全缘或波状或有少数粗齿，两面脉上有柔毛。花具细弱的花梗，花梗生短柔毛；花萼钟状，外面生短柔毛，裂片三角形，顶端短渐尖，缘毛密；花冠黄色；花药黄白色。果梗细瘦，俯垂；果萼近球状或卵球状；果实球状。

【繁育规律】一年生草本，种子繁殖，3~4月播种，7~9月采收成熟果实。

【地理分布】生于海拔1000~1300m的山坡。在我国产于云南、广东、广西、四川等地。国外主要分布于印度、斯里兰卡、孟加拉国、东南亚、菲律宾、马来西亚，以及非洲和拉丁美洲的热带地区。

【防治方法】①人工除草；②化学除草使用除草剂定向喷雾（乙草胺、乙氧氟草醚）；③结合种植绿肥覆盖地表，进行综合治理。

5.9 锦葵科（Malvaceae）

5.9.1 赛葵

赛葵（*Malvastrum coromandelianum*），别称黄花草、黄花棉，隶属于植物界被子植物门双子叶植物纲锦葵目锦葵科（Malvaceae）赛葵属（*Malvastrum*）。

【危害特点】该种最早入侵香港及广东沿海，为一种热带常见杂草，能排挤本地植物，主要靠其多年生地下根为优势来侵占农田；是双生病毒重要的中间寄主和初侵染源。

【识别特征】亚灌木状，直立，高达1m，疏被单毛和星状粗毛。叶卵状披针形或卵形，长3～6cm，宽1～3cm，先端钝尖，上面疏被长毛，下面疏被长毛和星状长毛；花黄色，单生于叶腋，直径约1.5cm，果直径约6mm，肾形，疏被星状柔毛，直径约2.5mm，背部宽约1mm，具2芒刺。

【繁育规律】多年生草本植物，靠种子繁殖，并可用地下芽进行营养繁殖。

【地理分布】散生于干热草坡。在我国产于台湾、福建、广东、广西、云南等省（自治区）。原产于美洲，是我国归化植物。

【防治方法】①人工除草，在农作物播种前、出苗前及各生育期进行除草，或将其地下部分翻出地面使之干死；②化学除草使用除草剂定向喷雾（利谷隆）；③结合种植绿肥覆盖地表，进行综合治理。

5.9.2 白背黄花稔

白背黄花稔（*Sida rhombifolia*）。别称：黄花地桃花、地膏药、黄花母、千斤坠、枚叶草、山鸡绸、吐黄旗，隶属于植物界被子植物门双子叶植物纲锦葵目锦葵科（Malvaceae）黄花稔属（*Sida*）。

【危害特点】具有较强的生命力和繁殖能力，给农作物生长带来很大的影响，争水争肥。

【识别特征】直立亚灌木，高约1m，分枝多，枝被星状绵毛。叶菱形或长圆状披针形，先端浑圆至短尖，基部宽楔形，边缘具锯齿，上面疏被星状柔毛至近无毛，下面被灰白色星状柔毛；叶柄长3～5mm，被星状柔毛；托叶纤细，刺毛状，与叶柄近等长。花单生于叶腋，花梗长1～2cm，密被星状柔毛，中部以上有节；萼杯形，被星状短绵毛，裂片5，三角形；花黄色，直径约1cm，花瓣倒卵形，先端圆，基部狭；雄蕊柱无毛，疏被腺状乳突，长约5mm，花柱分枝8～10。果半球形，分果爿8～10，被星状柔毛，顶端具2短芒。

【繁育规律】栽培技术用种子繁殖，可直播或育苗定植。当冬季种子成熟时，选择植株下层饱满且充分成熟的果实，晾干后置通风处储藏。翌年春季3～4月播种。

【地理分布】常生于山坡灌丛间、旷野和沟谷两岸。在我国产于台湾、福建、广东、广西、贵州、云南、四川、湖北等省（自治区）。在越南、老挝、柬埔寨和印度等地区也有分布。

【防治方法】①人工除草；②化学除草；③结合种植绿肥覆盖地表，进行综合治理。

5.9.3 苘麻

苘麻（*Abutilon theophrasti*）隶属于植物界被子植物门双子叶植物纲锦葵目锦葵科（Malvaceae）苘麻属（*Abutilon*）。

【危害特点】苘麻适应性强，繁殖迅速，对大田有很强的危害性，危害作物生长。

【识别特征】一年生亚灌木草本，茎枝被柔毛。叶圆心形，边缘具细圆锯齿，两面均密被星状柔毛；叶柄被星状细柔毛；托叶早落。花单生于叶腋，花梗被柔毛；花萼杯状，裂片卵形；花黄色，花瓣倒卵形。蒴果半球形，种子肾形，褐色，被星状柔毛。

【繁育规律】一年生亚灌木草本，以种子繁殖。花期7～8月。

【地理分布】常见于路旁、荒地和田野间。产于我国吉林、辽宁、河北、山西、河南、山东、江苏、安徽、浙江、台湾、福建、江西、湖北、湖南、广东、海南、广西、贵州、云南、四川、陕西、宁夏、新疆。广布于越南、印度、日本，以及欧洲、北美洲等地区。

【防治方法】①播前施药做土壤处理。适用的除草剂品种有72%异丙草胺（普乐宝）乳油，48%异恶草松（广灭灵）乳油、88%灭草猛（卫农）乳油、50%唑嘧磺草胺（阔草清）水分散粒剂、50%丙炔氟草胺（速收）可湿性粉剂等；②播后苗前施药做土壤处理。常用的除草剂有48%异恶草松乳油、50%丙炔氟草胺可湿性粉剂、50%异丙草胺、70%嗪草酮（赛克）可湿性粉剂、72%异丙草胺乳油、80%唑嘧磺草胺水分散粒剂等；③苗后施药做茎叶处理。可用的除草剂品种主要有21.4%三氟羧草醚（杂草焚）水剂、24%乳氟禾草灵（克阔乐）乳油、25%氟磺胺草醚（虎威）水剂、48%灭草松（苯达松）水剂等。

5.9.4 地桃花

地桃花（*Urena lobata*），别称肖梵天花、野棉花、刺头婆、八卦拦路虎、痴头婆、大膏药麻、大梅花树、地马椿、樊天花、梵天花、膏药麻、狗脚迹、喊曼挪锁、红花地桃花、厚皮草、毛桐子、迷你马糖稞、牛毛七、匹密、千下槌、山坡麻、石松毛、田芙蓉、卧蚂蟥、小朝阳、雪麻头、野火麻、野鸡花、野棉毛、圆叶野棉花，隶属于植物界被子植物门双子叶植物纲原始花被亚纲锦葵目锦葵科（Malvaceae）梵天花属（*Urena*）。

【危害特点】适应性强，与作物争夺养分。

【识别特征】直立亚灌木状草本植物，高可达1m，小枝被星状绒毛。茎下部的叶片近圆形，基部圆形或近心形，边缘具锯齿；中部的叶卵形，叶上面被柔毛，下面被灰白色星状绒毛；叶柄被灰白色星状毛；托叶线形，花腋生，单生或稍丛生，淡红色，花梗被绵毛；小苞片基部1/3合生；花萼杯状，裂片较小苞片略短，两者均被星状柔毛；花瓣倒卵形。果扁球形。

【繁育规律】直立亚灌木状草本植物，以种子进行繁殖，7～10月开花。

【地理分布】喜生于干热的空旷地、草坡或疏林下。分布于我国长江以南各省（自治区）。越南、柬埔寨、老挝、泰国、缅甸、印度和日本等地也有分布。

【防治方法】①人工除草，在农作物播种前、出苗前及各生育期进行除草，或将其地下部分翻出地面使之干死；②化学除草使用除草剂定向喷雾（利谷隆）；③结合种植绿肥覆盖地表，进行综合治理。

5.9.5 黄花稔

黄花稔（*Sida acuta*）隶属于植物界被子植物门双子叶植物纲锦葵目锦葵科（Malvaceae）黄花稔属（*Sida*）。

【危害特点】杂草化趋势严重，成为路边、草地等生境的重要植物。

【识别特征】直立亚灌木状草本，高1~2m；分枝多，小枝被柔毛至近无毛；叶披针形，先端短尖或渐尖，基部圆或钝，具锯齿；叶柄长4~6mm；托叶线形，与叶柄近等长；花单朵或成对生于叶腋，花梗长4~12mm，被柔毛，中部具节；萼浅杯状，无毛，长约6mm，下半部合生；花黄色，直径8~10mm，花瓣倒卵形，先端圆，基部狭长6~7mm，被纤毛；雄蕊柱长约4mm；顶端具2短芒，果皮具网状皱纹。

【繁育规律】生于山坡灌丛间，路旁或荒坡。

【地理分布】分布于福建、台湾、广东、海南、广西和云南等地。原产于印度。

【防治方法】利用百草敌、利谷隆等除草剂。

5.10 酢浆草科（Oxalidaceae）

5.10.1 酢浆草

酢浆草（*Oxalis corniculata*），别称酸浆草、酸酸草、斑鸠酸、三叶酸、酸咪咪、钩钩草，隶属于植物界被子植物门双子叶植物纲牻牛儿苗目酢浆草科（Oxalidaceae）酢浆草属（*Oxalis*）。

【危害特点】具有极强的抗逆性、繁殖力和生长能力，在中国的南方和北方均已经蔓延，对我国的粮食作物及辣椒、花生、大豆、西瓜等造成严重的损害。

【识别特征】草本，高10~35cm，全株被柔毛。根茎稍肥厚。茎细弱，多分枝，直立或匍匐，匍匐茎节上生根。叶基生或茎上互生。花单生或数朵集为伞形花序状，腋生，花瓣5，黄色，长圆状倒卵形。蒴果长圆柱形，长1~2.5cm，5棱。种子长卵形，长1~1.5mm，褐色或红棕色，具横向肋状网纹。

【繁育规律】多年生草本植物，通过种子和鳞茎进行繁殖，花果期2~9月。

【地理分布】生于山坡草池、河谷沿岸、路边、田边、荒地或林下阴湿处等。在我国广布。亚洲温带和亚热带、欧洲、地中海和北美洲皆有分布。

【防治方法】①人工除草；②化学除草使用除草剂定向喷雾（草甘膦、西玛津）；③结合种植绿肥覆盖地表，进行综合治理。

5.10.2　红花酢浆草

红花酢浆草（*Oxalis corymbosa*），别称铜锤草、大酸味草、南天七、夜合梅、大叶酢浆草、三夹莲、紫花酢浆草，隶属于植物界被子植物亚门双子叶植物纲牻牛儿苗目酢浆草科（Oxalidaceae）酢浆草属（*Oxalis*）。

【危害特点】作为观赏植物引入广为栽培，逸生后成为园圃和田间杂草。该草的风险等级介于中度和高度之间，由于观赏性作为植物栽培，其风险性将进一步升级。

【识别特征】多年生直立草本植物。无地上茎，地下球状鳞茎，鳞片膜质，褐色，叶基生；叶柄被毛；小叶片扁圆状倒心形，顶端凹入，两侧角圆形，背面浅绿色，托叶长圆形，顶部狭尖。总花梗基生，二歧聚伞花序，花梗、苞片、萼片均被毛；萼片披针形，花瓣倒心形，淡紫色至紫红色，花丝被长柔毛；花柱被锈色长柔毛。

【繁育规律】主要以地下鳞茎繁殖，随带土苗木传播、扩散。种子随鸟、水流、人类活动等途径传播、扩散。

【地理分布】生于低海拔的山地、路旁、荒地或水田中。分布于我国河北、陕西、四川、云南，以及华东、华中、华南等地。南方各地已逸为野生，日本亦然。

【防治方法】①挖除地下鳞茎，切断繁殖途径；②使用除草剂，用灭草松、西玛津、恶草灵等除草剂防治（具体用量参照产品说明书即可）。

5.11 唇形科（Lamiaceae）

5.11.1 薄荷

薄荷（*Mentha haplocalyx*），别称野薄荷、夜息香，隶属于植物界被子植物门双子叶植物纲管状花目唇形科（Lamiaceae）薄荷属（*Mentha*）。

【危害特点】薄荷会与农作物争夺水分、养分和光照，影响农作物的正常生长和产量。

【识别特征】多年生草本。茎直立，高30~60cm，下部数节具纤细的须根及水平匍匐根状茎，锐四棱形，具四槽，上部被倒向微柔毛，下部仅沿棱上被微柔毛，多分枝。叶片长圆状披针形、披针形、椭圆形或卵状披针形，稀长圆形，先端锐尖，基部楔形至近圆形，边缘在基部以上疏生粗大的牙齿状锯齿，侧脉5或6对，与中肋在上面微凹陷下面显著，上面绿色；沿脉上密生余部疏生微柔毛，或除脉外余部近于无毛，上面淡绿色，通常沿脉上密生微柔毛；叶柄长2~10mm，腹凹背凸，被微柔毛。轮伞花序腋生，轮廓球形，花时径约18mm，具梗或无梗，具梗时梗可长达3mm，被微柔毛；花梗纤细，被微柔毛或近于无毛。花萼管状钟形，外被微柔毛及腺点，内面无毛，10脉，不明显，萼齿5，狭三角状钻形，先端长锐尖。花冠淡紫，外面略被微柔毛，内面在喉部以下被微柔毛，冠檐4裂，上裂片先端2裂，较大，其余3裂片近等大，长圆形，先端钝。小坚果卵珠形，黄褐色，具小腺窝。花期7~9月，果期10月。

【繁育规律】①根茎繁殖：培育种根于4月下旬或8月下旬进行。在田间选择生长健壮、无病虫害的植株作母株，按行株距20cm×10cm种植。在初冬收割地上茎叶后，根茎留在原地作为种株；②分株繁殖：薄荷幼苗高15cm左右，应间苗、补苗。利用间出的幼苗分株移栽；③扦插繁殖：5~6月，将地上茎枝切成10cm长的插条，在整好的苗床上，按行株距7cm×3cm进行扦插育苗，待生根、发芽后移植到大田培育。花期7~9月，果期10月。

【地理分布】薄荷喜阳，略耐阴，对土壤要求不高，主要生长在温带生物群落中，多分布于山野湿地河旁，最高可在海拔3500m的地方生长。广泛分布于北半球的温带地区。我国各地均有分布，其中江苏、安徽为传统地道产区，但栽培面积日益减少。热带亚洲、俄罗斯远东地区、朝鲜、日本及北美洲（南达墨西哥）也有分布。

【防治方法】①人工除草；②化学除草，使用化学除草剂除草；③结合种植绿肥覆盖地表，进行综合治理。

5.11.2 吊球草

吊球草（*Hyptis rhomboidea*），别称石柳、四俭草、蠄蜍蜊、四方骨、假走马风，隶属于植物界被子植物门双子叶植物纲合瓣花亚纲管状花目唇形科（Lamiaceae）山香属（*Hyptis*）。

【危害特点】吊球草为一般性果、茶果及路梗杂草，危害轻。若疏于管理也会大肆蔓延，对本土植物有一定的化感作用。

【识别特征】一年生直立粗壮草本，无香味。茎高0.5～1.5m，四棱形，具浅槽及细条纹，粗糙，沿棱上被短柔毛，绿色或紫色。叶披针形，长8～18cm，宽1.5～4cm；花多数，密集成一具长梗、腋生、单生的球形小头状花序，此花序直径约15cm，具苞片；花冠乳白色，长约6mm，外面被微柔毛，冠筒基部宽约1mm，至喉部略宽，冠檐二唇形，上唇短，长1～1.2mm，先端2圆裂，裂片卵形，外反，下唇长约为上唇的2.5倍，3裂，中裂片较大，凹陷，具柄，侧裂片较小，三角形。子房裂片球形，无毛。小坚果长圆形，腹面具棱，栗褐色，长约1.2mm，宽约0.6mm，基部具二白色着生点。

【繁育规律】一年生直立粗壮草本，以种子进行繁殖，花期4～10月。

【地理分布】常生长于山坡、林缘、旷野、村旁等地。在我国分布于广西、广东、海南、香港及台湾。原产于热带美洲，现广布于全热带。

【防治方法】利用耕翻等措施在播种前、出苗前及各生育期等不同时期除草，还要消灭渠道上的杂草，清洁灌溉水，以减少田间草籽来源。有机肥料腐熟后再用。可利用草甘膦等除草剂防治。

5.11.3 四棱草

四棱草（*Schnabelia oligophylla*），别称四方草、假马鞭草、四棱筋骨草，隶属于植物界被子植物门双子叶植物纲管状花目唇形科（Lamiaceae）四棱草属（*Schnabelia*）。

【危害特点】生长在海拔300～580m的山谷阴湿处草丛中。中性植物。性喜高温、湿润、向阳至蔽阴之地，生长适宜温度22～32℃，日照50%～100%。生性强健粗放，成长快速，耐热、极耐旱、耐瘠。具有化感作用，对其他杂草和作物都有化感抑制作用，且繁殖速度快，对土壤肥力吸收能力强，入侵后给农田生态系统造成的危害远大于一些常见的农田杂草。

【识别特征】草本。根茎短且膨大，逐节生根，根细长，纤维状。茎高60～120cm，直立或上升，上部几成丛缠绕，被微柔毛。叶对生，具柄，叶柄长3～9mm，纤细，被糙伏毛；叶片纸质，卵形或三角状卵形。花冠大，淡紫蓝色或紫红色，外面被短柔毛，花冠筒细长，直立，内面被短柔毛；花药肾形，成熟时为淡紫蓝色；子房被短柔毛；花柱细长，无毛，顶端相等2裂，裂片钻形，平展；花盘环状。小坚果倒卵珠形，被短柔毛，橄榄色，背面具不甚明显的网纹，侧面相接，腹面的果脐凹入，中间隆起。

【繁育规律】草本，通过种子繁殖，花期4～5月，果期5～6月。

【地理分布】生于海拔约700m的山谷溪旁、石灰岩上、河边林下、疏林中、石边。分布于我国福建、江西、湖南、广东、广西、四川。

【防治方法】利用耕翻等措施在播种前、出苗前及各生育期等不同时期除草，还要消灭渠道上的杂草，清洁灌溉水，以减少田间草籽来源。有机肥料腐熟后再用。可利用草甘膦等除草剂防治。

5.11.4 京黄芩

京黄芩（*Scutellaria pekinensis*），别称丹参，隶属于植物界被子植物门双子叶植物纲管状花目唇形科（Lamiaceae）黄芩属（*Scutellaria*）。

【危害特点】一般性杂草。危害木薯、果、桑及茶树等旱田作物，但发生量小，危害轻，是常见杂草。

【识别特征】一年生草本；根茎细长。茎高24～40cm，直立，四棱形，粗0.8～1.5mm，绿色，基部通常带紫色，不分枝或分枝，疏被上曲的白色小柔毛，以茎上部者较密。叶草质，卵圆形或三角状卵圆形，先端锐尖至钝，有时圆形，基部截形；叶柄长（0.3）0.5～2cm，疏被上曲的小柔毛。花对生，排列成顶生长4.5～11.5cm的总状花序；花长约2.5mm，与序轴密被上曲的白色小柔毛；开花时花萼长约3mm，果时增大，密被小柔毛，盾片开花时高1.5mm，果时高4mm。花冠蓝紫色，外被具腺小柔毛，内面无毛；冠筒前方基部略膝曲状，中部宽1.5mm，向上渐宽，至喉部宽达5mm；冠檐2唇形，上唇盔状，内凹，顶端微缺，下唇中裂片宽卵圆形，两侧中部微内缢，顶端微缺，两侧裂片卵圆形。雄蕊4，二强；花丝扁平，中部以下被纤毛。花盘肥厚，前方隆起；子房柄短。花柱细长。子房光滑，无毛。成熟小坚果栗色或黑栗色，卵形，直径约1mm，具瘤，腹面中下部具一果脐。

【繁育规律】一年生草本；可采用分株或扦插繁殖。分株一般在生长旺季的5～6月或10月进行。

【地理分布】产于我国吉林、河北、山东、河南、陕西、浙江等地。

【防治方法】利用耕翻等措施在播种前、出苗前及各生育期等不同时期除草，还要消灭渠道上的杂草，清洁灌溉水，以减少田间草籽来源。有机肥料腐熟后再用。

5.11.5 绉面草

绉面草（*Leucas zeylanica*）别称蜂窝草、蜂巢草、半夜花，隶属于植物界被子植物门双子叶植物纲管状花目唇形科（Lamiaceae）绣球防风属（*Leucas*）。

【危害特点】绉面草具有较强的繁殖能力，与农作物竞争养分、水分和光照，影响农作物的正常生长。

【识别特征】直立，高约40cm。茎多毛枝，具刚毛或柔毛状硬毛，四棱形，具沟槽。叶片长圆状披针形，先端渐尖，基部楔形而狭长，基部以上有远离的疏生圆齿状锯齿，纸质；叶柄长约0.5cm，密被刚毛。轮伞花序腋生，着生于枝条的上端，小圆球状；苞片线形，中肋突出，疏生刚毛，边缘具刚毛，先端微刺尖。花萼管状钟形，略弯曲，脉10，不明显，在萼口处隐约消失，无明显刚毛。花冠白色，或白色且具紫斑，或浅棕色，或红色，或蓝色，冠筒纤弱，直伸，顶端微扩大，外面近部密生柔毛。雄蕊4，内藏，花丝丝状，具须毛，花药卵圆形，2室。小坚果椭圆状近三棱形，栗褐色，有光泽。

【繁育规律】多年生草本植物，种子繁殖，花果期一年四季。

【地理分布】生于砂质土壤或壤土的滨海地、田地、路旁，以及缓坡地等向阳空旷处，海拔在250m以下。在我国产于广东及广西。印度、斯里兰卡、缅甸、马来西亚、印度尼西亚、菲律宾也有分布。

【防治方法】①人工除草；②使用化学除草剂定向喷雾；③利用地膜覆盖，提高地膜和土表温度，烫死杂草幼苗或抑制杂草生长。

5.12　胡椒科（Piperaceae）

5.12.1　蒌叶

蒌叶（*Piper betle*），隶属于植物界被子植物门双子叶植物纲胡椒目胡椒科（Piperaceae）胡椒属（*Piper*）。

【危害特点】一般性杂草。危害木薯、果、桑及茶园等旱田作物，但发生量小，危害轻，是常见杂草。常见于旱田、果园、桑园和茶园，影响作物的产量。

【识别特征】蒌叶是一种攀缘藤本植物；枝稍带木质，直径2.5～5mm，节上生根。叶纸质至近革质，背面及嫩叶脉上有密细腺点，阔卵形至卵状长圆形，上部的有时为椭圆形，顶端渐尖，基部心形、浅心形，或上部的有时钝圆，两侧相等至稍不等，腹面无毛，背面沿脉上被极细的粉状短柔毛；叶脉7条，最上1对通常对生，少有互生，离基0.7～2cm从中脉发出，余者均基出，网状脉明显；叶柄长2～5cm，被极细的粉状短柔毛；叶鞘长约为叶柄的1/3。花单性，雌雄异株，聚集成与叶对生的穗状花序。雄花序开花时几与叶片等长；总花梗与叶柄近等长，花序轴被短柔毛；苞片圆形或近圆形，稀倒卵形，近无柄，盾状；雄蕊2枚，花药肾形，2裂，花丝粗，与花药等长或较长。雌花序于果期延长，直径约10mm；花序轴密被毛；苞片与雄花序的相同；子房下部嵌生于肉质花序轴中并与其合生，顶端被绒毛；柱头通常4或5，披针形，被绒毛。浆果顶端稍凸，有绒毛，下部与花序轴合生成一柱状、肉质、带红色的果穗。

【繁育规律】①繁殖方法有插条繁殖和种子繁殖。生产上多采用插条繁殖，在一至三年生的优良母株上选健壮的主蔓做种苗，按常规方法扦插于苗床上，一般20天生根后可出圃定植。②定植于春、秋两季进行。定植时同时竖立石柱作攀缘物。花期5～7月。

【地理分布】性喜高温、潮湿、静风的环境。在我国东起台湾，经东南至西南部各省（自治区）均有栽培。印度、斯里兰卡、越南、马来西亚、印度尼西亚、菲律宾及马达加斯加也有分布。

【防治方法】①新植区严格检疫，选用无病苗种植；适当修剪植株基部枝条，定期清除枯枝落叶培土；旱季开始时松土晒土；发现病情立即隔离。②发病初期，中心病区树冠下土壤用1%的霜疫灵或农用高锰酸钾消毒；株行间土壤用1%硫酸铜溶液消毒，土壤湿度大时，可改用1：（7～10）份硫酸铜粉拌砂土撒施土壤表面消毒，病叶应在露水干后摘除集中烧毁。病株喷0.5%的霜疫灵或波尔多液保护。发现病株应及时挖除，植穴暴晒半年以上或淋药消毒土壤，流行期间在病区进出口撒硫酸铜粉消毒。

5.13 车前科（Plantaginaceae）

5.13.1 车前

车前（*Plantago asiatica*），别称车前草、车轮草、猪耳草、牛耳朵草等，隶属于植物界被子植物门双子叶植物纲车前目车前科（Plantaginaceae）车前属（*Plantago*）。

【危害特点】车前草的根系发达，会竞争土壤中的养分和水分，导致农作物的生长受到限制。特别是在干旱的情况下，车前草会更加猖獗，对农作物的危害更大。

【识别特征】二年生或多年生草本。须根多数。根茎短，稍粗。叶基生呈莲座状，平卧、斜展或直立；叶片薄纸质或纸质，宽卵形至宽椭圆形；花序梗长5~30cm，有纵条纹，疏生白色短柔毛；穗状花序细圆柱状，长3~40cm，紧密或稀疏，下部常间断；花具短梗；花冠白色，无毛，冠筒与萼片约等长，裂片狭三角形，先端渐尖或急尖，具明显的中脉，于花后反折。雄蕊着生于冠筒内面近基部，与花柱明显外伸，花药卵状椭圆形，顶端具宽三角形突起，白色，干后变淡褐色。胚珠7~15（~18）。蒴果纺锤状卵形、卵球形或圆锥状卵形，于基部上方周裂。种子5~6（~12），卵状椭圆形或椭圆形，具角，黑褐色至黑色，背腹面微隆起；子叶背腹向排列。

【繁育规律】二年生或多年生草本，主要通过种子进行传播。花期4~8月，果期6~9月。

【地理分布】生于海拔3~3200m的草地、沟边、河岸湿地、田边、路旁或村边空旷处。在我国产于黑龙江、吉林、辽宁、内蒙古、河北、山西、陕西、甘肃、新疆、山东、江苏、安徽、浙江、江西、福建、台湾、河南、湖北、湖南、广东、广西、海南、四川、贵州、云南、西藏。朝鲜、俄罗斯、日本、尼泊尔、马来西亚、印度尼西亚也有分布。

【防治方法】①人工除草；②化学除草，使用除草剂定向喷雾（草甘膦、高效氟吡甲禾灵）。

5.14 蓼科（Polygonaceae）

5.14.1 辣蓼

辣蓼（*Polygonum hydropiper*），别称辣蓼草、蓼子草、斑蕉草、梨同草，隶属于植物界被子植物门双子叶植物纲蓼目蓼科（Polygonaceae）蓼属（*Polygonum*）。

【危害特点】一般性杂草。危害木薯、果、桑及茶园等旱田作物，是常见杂草。

【识别特征】一年生草本，高60～90cm，全株散布腺点及茸毛。茎直立，或下部伏地，通常紫红色，节膨大，叶互生，有短柄。叶片广披针形，先端渐尖，基部楔形，两面被粗毛，上面深绿色，有八字形的黑斑，托叶鞘膜质，缘生长刺毛。穗状花序生于枝顶，花梗细长，长6～12cm，下垂，疏花；花被5深裂，白色，散布绿色腺点，上部呈红色。

【繁育规律】一年生草本，以种子进行繁殖，通常在春季出苗，花期5～9月，果期6～10月。为常见夏、秋收作物田杂草。

【地理分布】生于海拔50～3500m的河滩、水沟边、山谷湿地。分布于我国南北各省（自治区）。朝鲜、日本、印度尼西亚、印度，以及欧洲及北美洲也有分布。

【防治方法】①人工除草；②化学除草使用除草剂定向喷雾（氯氟吡氧乙酸、苄嘧磺隆、吡嘧磺隆、五氟磺草胺）；③结合种植绿肥覆盖地表，进行综合治理。

5.14.2 火炭母

火炭母（*Polygonum chinense*），别称赤地利、为炭星、白饭草，隶属于植物界被子植物门双子叶植物纲蓼目蓼科（Polygonaceae）蓼属（*Polygonum*）。

【危害特点】火炭母的茎和叶子当中含有有毒的化学物质，对动物和人体都有一定的危害。除此之外，火炭母的存在还会影响田野和花园的美观程度，而且它的根系能够长到很深，很难彻底去除。

【识别特征】多年生草本，基部近木质。根状茎粗壮。茎直立，高70～100cm，通常无毛，具纵棱，多分枝，斜上。叶卵形或长卵形，顶端短渐尖，基部截形或宽心形，边缘全缘，两面无毛，有时下面沿叶脉疏生短柔毛，下部叶具叶柄，叶柄长1～2cm，通常基部具叶耳，上部叶近无柄或抱茎；托叶鞘膜质，无毛，具脉纹，顶端偏斜，无缘毛。花序头状，通常数个排成圆锥状，顶生或腋生，花序梗被腺毛；苞片宽卵形，每苞内具1～3花；花被5深裂，白色或淡红色，裂片卵形，果时增大，呈肉质，蓝黑色；雄蕊8，比花被短；花柱3，中下部合生。瘦果宽卵形，具3棱，黑色，无光泽，包于宿存的花被。

【繁育规律】多年生草本，通过种子繁殖，花期7～9月，果期8～10月。

【地理分布】生于海拔30～2400m的山谷湿地、山坡草地。在我国产于陕西南部、甘肃南部、华东、华中、华南和西南。日本、菲律宾、马来西亚、印度、喜马拉雅山也有分布。

【防治方法】①人工除草；②化学除草使用除草剂定向喷雾（噻吩磺隆、百草敌）；③结合种植绿肥覆盖地表，进行综合治理。

5.15 藜科（Chenopodiaceae）

5.15.1 藜

藜（*Chenopodium album*），别称落藜、胭脂菜、灰藜，隶属于植物界被子植物门双子叶植物纲中央种子目藜科（Chenopodiaceae）藜属（*Chenopodium*）。

【危害特点】为恶性杂草，生长旺盛且难以去除，对作物危害较大。

【识别特征】一年生草本，高30～150cm。茎直立，粗壮，具条棱及绿色或紫红色色条，多分枝；枝条斜生或开展。叶片菱状卵形至宽披针形，长3～6cm，宽2.5～5cm，先端急尖或微钝，基部楔形至宽楔形，上面通常无粉，有时嫩叶的上面有紫红色粉，下面多少有粉，边缘具不整齐锯齿；叶柄与叶片近等长，或为叶片长度的1/2。花两性，花簇于枝上部排列成或大或小的穗状圆锥状或圆锥状花序；花被裂片5，宽卵形至椭圆形，背面具纵隆脊，有粉，先端或微凹，边缘膜质；雄蕊5，花药伸出花被，柱头2。果皮与种子贴生。种子横生，双凸镜状，直径1.2～1.5mm，边缘钝，黑色，有光泽，表面具浅沟纹；胚环形。

【繁育规律】一年生草本，以种子进行繁殖，花果期5～10月。

【地理分布】常生长于路旁、荒地及田间，为很难除掉的杂草，在牧场、未开垦地带及河岸地区皆有分布，我国除台湾、福建、江西、广东、广西、贵州、云南等地外，其他地区均有分布。分布遍及全球温带及热带地区。

【防治方法】①人工防除。尽量勿使杂草种子或繁殖器官进入作物田，清除地边、路旁的杂草，严格杂草检疫制度，精选播种材料，特别注意国内没有或尚未广为传播的杂草，必须严格禁止输入或严加控制，防止扩散，以减少田间杂草来源。用杂草沤制农家肥时，应将农家含有杂草种子的肥料经过用薄膜覆盖，高温堆沤2~4周，腐熟成有机肥料，杀死其发芽力后再用。②人工除草结合农事活动，如在杂草萌发后或生长时期直接进行人工拔除或铲除，或结合中耕施肥等农耕措施剔除杂草。

5.15.2　土荆芥

土荆芥（*Chenopodium ambrosioides*），隶属于植物界被子植物门双子叶植物纲中央种子目藜科（Chenopodiaceae）藜属（*Chenopodium*）。

【危害特点】2003年被列为我国首批外来入侵物种之一。生于村旁、旷野、田边、路旁和沟岸等处，为路埂常见杂草。

【识别特征】有囊状毛（粉）或圆柱状毛，较少为腺毛或完全无毛，很少有气味。叶互生，有柄；叶片通常宽阔扁平，全缘或具不整齐锯齿或浅裂片。花两性或兼有雌性，不具苞片和小苞片，通常数花聚集成团伞花序，较少为单生，并再排列成腋生或顶生的穗状、圆锥状或复二歧式聚伞状的花序；花被球形，绿色，5裂，较少为3或4裂，裂片腹面凹，背面中央稍肥厚或具纵隆脊，果时花被不变化，较少增大或变为多汁，无附属物；雄蕊5或较少，与花被裂片对生，下位或近周位，花丝基部有时合生；花药矩圆形，不具附属物；花盘通常不存在；子房球形，顶基稍扁，较少为卵形；柱头2，很少3~5，丝状或毛发状，花柱不明显极少有短花柱；胚珠几无柄。胞果卵形，双凸镜形或扁球形；果皮薄膜质或稍肉质，与种子贴生，不开裂。种子横生，较少为斜生或直立；种皮壳质，平滑或具洼点，有光泽；胚环形、半环形或马蹄形；胚乳丰富，粉质。

【繁育规律】一年生或多年生草本，用种子繁殖，花期8~9月，果期9~10月。

【地理分布】喜生于村旁、路边、河岸等处。我国广西、广东、福建、台湾、江苏、浙江、江西、湖南、四川等地有野生，北方各省常有栽培。原产于美洲热带地区，现广布于世界热带及温带地区。

【防治方法】①人工防治。首先控制杂草种子入田，尽量勿使杂草种子或繁殖器官进入作物田，清除地边、路旁的杂草，严格杂草检疫制度，精选播种材料，特别注意国内没有或尚未广为传播的杂草，必须严格禁止输入或严加控制，防止扩散，以减少田间杂草来源。用杂草沤制农家肥时，应将农家含有杂草种子的肥料用薄膜覆盖，高温堆沤2~4周，腐熟成有机肥料，杀死其发芽力后再用。其次人工除草结合农事活动。例如，在杂草萌发后或生长时期直接进行人工拔除或铲除，或结合中耕施肥等农耕措施剔除杂草。②机械防治：结合农事活动，利用农机具或大田型农业机械进行各种耕翻、耙、中耕松土等措施，进行播种前、出苗前及各生育期等不同时期除草，直接杀死、刈割或铲除杂草。③化学防除。主要特点是高效、省工，免去繁重的田间除草劳动。国内外已有300多种化学除草剂的制剂，可用于几乎所有的粮食作物、经济作物地的除草。④替代控制。利用覆盖、遮光等原理，用塑料薄膜覆盖或播种其他作物（或草种）等方法进行除草。

5.15.3 灰绿藜

灰绿藜（*Chenopodium glaucum*），别称盐灰菜，隶属于植物界被子植物门双子叶植物纲中央种子目藜科（Chenopodiaceae）藜属（*Chenopodium*）。

【危害特点】危害轻盐碱地的小麦、棉花和蔬菜。

【识别特征】一年生草本，高20～40cm。茎平卧或外倾，具条棱及绿色或紫红色色条。叶片矩圆状卵形至披针形，肥厚，先端急尖或钝，基部渐狭，边缘具缺刻状牙齿，上面无粉，平滑，下面有粉而呈灰白色，有的稍带紫红色；中脉明显，黄绿色；叶柄长5～10mm。花两性或兼有雌性，通常数花聚成团伞花序，再于分枝上排列成有间断而通常短于叶的穗状或圆锥状花序；花被裂片3或4，浅绿色，稍肥厚，通常无粉，狭矩圆形或倒卵状披针形，先端通常钝；雄蕊1或2，花丝不伸出花被，花药球形；柱头2，极短。胞果顶端露于花被外，果皮膜质，黄白色。种子扁球形，横生、斜生及直立，暗褐色或红褐色，边缘钝，表面有细点纹。

【繁育规律】一年生草本，通过种子进行繁殖，花果期5～10月。

【地理分布】生于农田、荒地、路旁和水边轻度盐碱地。除华南、贵州、云南外，我国各地均有分布。

【防治方法】①人工防除。首先尽量勿使杂草种子或繁殖器官进入作物田，清除地边、路旁的杂草，严格杂草检疫制度，精选播种材料，特别注意国内没有或尚未广为传播的杂草，必须严格禁止输入或严加控制，防止扩散，以减少田间杂草来源；②结合农事活动，利用农机具或大型农业机械进行各种耕翻、耙、中耕松土等措施，进行播种前、出苗前及各生育期等不同时期除草，直接杀死、刈割或铲除杂草；③使用化学除草剂除草；④利用覆盖、遮光等原理，用塑料薄膜覆盖或播种其他作物（或草种）等方法进行除草。

5.16 马齿苋科（Portulacaceae）

5.16.1 棱轴土人参

棱轴土人参（*Talinum fruticosum*），别称棱轴假人参、归来参、参菜，隶属于植物界被子植物门双子叶植物纲中央种子目马齿苋科（Portulacaceae）土人参属（*Talinum*）。

【危害特点】其适应力较强，常常反复生长，难以去除，属于恶性杂草。严重危害作物生长发育。

【识别特征】叶面中肋下陷，肉质，花瓣5，雄蕊多数，柱头3裂。

【繁育规律】以种子进行繁殖。

【地理分布】在我国南方常见，一般潮湿的地方都可见到它的身影。

5.16.2 大花马齿苋

大花马齿苋（*Portulaca grandiflora*），别称半支莲、松叶牡丹、龙须牡丹、洋马齿苋、太阳花、午时花、日照草，隶属于植物界被子植物门双子叶植物纲中央种子目马齿苋科（Portulacaceae）马齿苋属（*Portulaca*）。

【危害特点】马齿苋生命力比较顽强，耐旱也耐涝，而且生长速度比较快。如果没有彻底根除，在高温高湿的夏季很快就又会生长起来。

【识别特征】高10～30cm。茎平卧或斜升，紫红色，多分枝，节上丛生毛。叶密集于枝端，较下的叶分开，不规则互生，叶片细圆柱形，无毛。花单生或数朵簇生于枝端，直径2.5～4cm，日开夜闭；总苞8或9片，叶状，轮生，具白色长柔毛；花瓣5或重瓣，倒卵形，顶端微凹，长12～30mm，红色、紫色或黄白色；蒴果近椭圆形，盖裂；种子细小，多数，圆肾形，直径不及1mm。花期6～9月，果期8～11月。

【繁育规律】一年生草本，以种子繁殖为主，自播能力也很强。春、夏、秋均可播种。

【地理分布】大部分生于山坡、田野间。在我国分布于黑龙江、吉林、辽宁、河北、河南、山东、安徽、江苏、浙江、湖南、湖北、江西、重庆、四川、贵州、云南等地。原产于南美的巴西、阿根廷、乌拉圭等地。

【防治方法】①人工除草；②化学除草使用化学除草剂除草；③结合种植绿肥覆盖地表，进行综合治理。

5.17 十字花科（Brassicaceae）

5.17.1 荠菜

荠菜（*Capsella bursa-paston's.*），别称香荠、白花菜、黑心菜，隶属于植物界被子植物门双子叶植物纲白花菜目十字花科（Brassicaceae）荠属（*Capsella*）。

【危害特点】常见于麦田、蔬菜田园，影响蔬菜品质与产量。

【识别特征】一年生或二年生草本，高10～50cm，无毛、有单毛或分叉毛；茎直立，单一或从下部分枝。基生叶丛生呈莲座状，大头羽状分裂，顶裂片卵形至长圆形，侧裂片3～8对，长圆形至卵形，顶端渐尖，浅裂，或有不规则粗锯齿或近全缘；茎生叶窄披针形或披针形，基部箭形，抱茎，边缘有缺刻或锯齿。总状花序顶生及腋生，萼片长圆形；花瓣白色，卵形，有短爪。短角果倒三角形或倒心状三角形，扁平，无毛，顶端微凹，裂瓣具网脉；种子2行，长椭圆形，浅褐色。

【繁育规律】一年生、二年生草本植物。以种子繁殖，生长较快，从播种到采收一般为30～50天。

【地理分布】性喜温暖但耐寒力强。野生于田野，也可人工栽培，生在山坡、田边及路旁。起源于东欧和小亚细亚，在世界各地都很常见，主要分布在全世界的温带地区。

【防治方法】①人工除草；②使用化学除草剂定向喷雾（甲草胺、扑草净、敌草隆，具体用量参照产品说明书即可）；③利用地膜覆盖，提高地膜和土表温度，烫死杂草幼苗或抑制杂草生长。

5.18 旋花科（Convolvulaceae）

5.18.1 牵牛

牵牛（*Pharbitis nil*），隶属于植物界被子植物门双子叶植物纲管状花目旋花科（Convolvulaceae）牵牛属（*Pharbitis*）。

【危害特点】发生时成片生长，密被地面，缠绕向上，强烈抑制作物生长，造成作物倒伏。它是小地老虎第一代幼虫的寄主。

【识别特征】一年生缠绕草本，茎上被倒向的短柔毛及杂有倒向或开展的长硬毛。叶宽卵形或近圆形，深或浅的3裂，偶5裂，长4～15cm，宽4.5～14cm，基部圆，心形，中裂片长圆形或卵圆形，渐尖或骤尖，侧裂片较短，三角形，裂口锐或圆，叶面或疏或密被微硬的柔毛；叶柄长2～15cm，叶的毛被覆盖情况与茎相同。花腋生，单一或通常2朵着生于花序梗顶。蒴果近球形，直径0.8～1.3cm，3瓣裂。种子卵状三棱形，长约6mm，黑褐色或米黄色，被褐色短绒毛。

【繁育规律】以种子繁殖，种子细小可随风传播，生长周期为36～45天，夏季花期最盛。

【地理分布】多见于海拔100～1600m的山坡灌丛、干燥河谷路边、园边宅旁、山地路边。牵牛花在我国除西北和东北的一些省外，大部分地区都有分布。原产热带美洲，现已广植于热带和亚热带地区。

【防治方法】①人工除草；②使用化学除草剂定向喷雾（甲草胺、扑草净、敌草隆，具体用量参照产品说明书即可）；③利用地膜覆盖，提高地膜和土表温度，烫死杂草幼苗或抑制杂草生长。

5.18.2 三裂叶薯

三裂叶薯（*Ipomoea triloba*），别称小花假番薯、红花野牵牛，隶属于植物界被子植物门双子叶植物纲管状花目旋花科（Convolvulaceae）番薯属（*Ipomoea*）。

【危害特点】适应性强，繁殖快，常缠绕、覆盖在作物上吸取养分，遮挡阳光导致作物营养不良直至死亡。

【识别特征】草本；茎缠绕或有时平卧。叶宽卵形至圆形，全缘或有粗齿或深3裂，基部心形，两面无毛或散生疏柔毛；花序腋生，花序梗短于或长于叶柄，长2.5～5.5cm，1朵花或少花至数朵花呈伞状聚伞花序；花冠漏斗状，长约1.5cm，无毛，淡红色或淡紫红色，冠檐裂片短而钝，有小短尖头；雄蕊内藏，花丝基部有毛；子房有毛。蒴果近球形，高5～6mm，具花柱基形成的细尖，被细刚毛，2室，4瓣裂。种子4或较少，长3.5mm，无毛。

【繁育规律】一年生草本，种子繁殖。

【地理分布】生长于丘陵路旁、荒草地或田野。在我国产自广东及其沿海岛屿、台湾高雄。本种原产于热带美洲，现已成为热带地区的杂草。

【防治方法】①在开花时将它销毁，连续进行2～3年，即可根除；②化学除草使用化学除草剂（2甲·双氟等）；③综合防治，通过人工控制、恢复本地植被、生物防治等几种措施综合应用来控制外来入侵种的蔓延。

5.18.3 五爪金龙

五爪金龙（*Ipomoea cairica*），隶属于植物界被子植物门双子叶植物纲管状花目旋花科（Convolvulaceae）番薯属（*Ipomoea*）。

【危害特点】五爪金龙对广东的自然系统和人工生态系统破坏十分严重，尤其是在果园、茶园等人工生态系统中蔓延成灾，给农林及旅游业造成巨大的损失，甚至威胁人类的健康。

【识别特征】多年生缠绕草本，全体无毛，老时根上具块根。茎细长，有细棱，有时有小疣状突起。叶掌状5深裂或全裂，裂片卵状披针形、卵形或椭圆形，中裂片较大，长4~5cm，宽2~2.5cm，两侧裂片稍小，顶端渐尖或稍钝，具小短尖头，基部楔形渐狭，全缘或不规则微波状，基部1对裂片通常再2裂；叶柄长2~8cm，基部具小的掌状5裂的假托叶（腋生短枝的叶片）。聚伞花序腋生，花序梗长2~8cm，具1~3花，或偶有3朵以上。

【繁育规律】五爪金龙在水分充足而肥沃的土壤条件下以营养生长为主，而在干旱贫瘠的土壤条件下则以开花结实进行有性生殖为主，播种或扦插法繁殖，5月播种最为合适，覆土1cm，5~6天可发芽。双叶展开时即可分苗。五爪金龙是自交不亲和植物，其种子仅能通过异花授粉获得。

【地理分布】生于海拔90~610m的平地或山地路边灌丛，生长于向阳处。通常作观赏植物栽培。在我国产于台湾、福建、广东及其沿海岛屿、广西、云南。本种原产于热带亚洲或非洲，现已广泛栽培或归化于全热带。

【防治方法】①人工清除，劳动强度大，成本高。②化学防治：化学除草剂清除五爪金龙有很好的效果。恶草灵、毒莠定等化学除莠剂采用注入其茎基部的方式对五爪金龙进行清除。③生物防治：假臭草、艾蒿、飞机草、黄寻囊吾和披针叶黄华等水提液均对五爪金龙种子萌发和幼苗生长产生明显的抑制作用。

5.18.4　田旋花

田旋花（*Convolvulus arvensis*），隶属于植物界被子植物门双子叶植物纲旋花科（Convolvulaceae）旋花属（*Convolvulus*）。

【危害特点】 对小麦、玉米、棉花、大豆、果树等有危害。在暴发时，常成片生长，密被地面，缠绕向上，强烈抑制作物生长，造成作物倒伏。它还是小地老虎第一代幼虫的寄主。

【识别特征】 草质藤本，近无毛。根状茎横走。茎平卧或缠绕，有棱。叶片戟形或箭形，全缘或3裂，先端近圆或微尖，有小突尖头；中裂片卵状椭圆形、狭三角形、披针状椭圆形或线形；侧裂片开展或呈耳形。花1~3朵腋生；花梗细弱；苞片线形，与萼远离；萼片倒卵状圆形，无毛或被疏毛，缘膜质；花冠漏斗形，粉红色、白色，外面有柔毛，褶上无毛，有不明显的5浅裂；雄蕊的花丝基部肿大，有小鳞毛；子房2室，有毛，柱头2，狭长。

【繁育规律】 多年生草本，种子繁殖，花期5~8月，果期7~9月。

【地理分布】 生长于耕地及荒坡草地上。在我国分布于吉林、黑龙江、河北、河南、陕西、山西、甘肃、宁夏、新疆、内蒙古、山东、四川、西藏。原产于欧洲南部，法国、希腊、德国、波兰、塞尔维亚、俄罗斯、蒙古国、美国、加拿大、阿根廷、澳大利亚、新西兰、巴基斯坦、伊朗、黎巴嫩、日本等热带和亚热带地区也有分布。

【防治方法】 ①人工除草；②化学除草，麦田应用绿麦隆、利谷隆、二甲四氯、百草敌、灭草松、巨星等除草剂；豆类田应用嗪草酮、广灭灵、普施特、氟磺胺草醚、杂草焚等除草剂；玉米田应用草甘膦；③在田旋花发生地区，应调换没有田旋花混杂的种子播种。有田旋花发生的地方，可在开花时将它销毁，连续进行2~3年，即可根除。

5.18.5　打碗花

打碗花（*Calystegia hederacea*），别称燕覆子、蒲地参、兔耳草、富苗秧、扶秧、钩耳藤等，隶属于植物界被子植物门双子叶植物纲合瓣花亚纲管状花目旋花科（Convolvulaceae）旋花亚科打碗花属（*Calystegia*）。

【危害特点】 由于地下茎蔓延迅速，常呈单优势群落，对农田危害较严重，在有些地区成为恶性杂草。主要危害春小麦、棉花、豆类、红薯、玉米、蔬菜及果树，尤其对小麦危害更重。不仅直接影响小麦生长，而且能导致小麦倒伏，有碍机械收割，是小地老虎的寄主。

【识别特征】 全体不被毛，植株通常矮小，高8~30（~40）cm，常自基部分枝，具细长白色的根。茎细，平卧，有细棱。基部叶片长圆形，长2~3（~5.5）cm，宽1~2.5cm，顶端圆，基部戟形，上部叶片3裂，中裂片长圆形或长圆状披针形，侧裂片近三角形，全缘或2~3裂，叶片基部心形或戟形；叶柄长1~5cm。花腋生，1朵，花梗长于叶柄，有细棱；苞片宽卵形，长0.8~1.6cm，顶端钝或锐尖至渐尖；萼片长圆形，长0.6~1cm，顶端钝，具小短尖头，内萼片稍短；花冠淡紫色或淡红色，钟状，长2~4cm，冠檐近截形或微裂；雄蕊近等长，花丝基部扩大，贴生花冠管基部，被小鳞毛；子房无毛，柱头2裂，裂片长圆形，扁平。蒴果卵球形，长约1cm，宿存萼片与之近等长或稍短，种子黑褐色，长4~5mm，表面有小疣。

【繁育规律】 一年生草本；通过根芽和种子进行繁殖，田间以无性繁殖为主，地下茎质脆易断，每个带节的断体都能长出新的植株。华北地区4~5月出苗，花期7~9月，果期8~10月。长江流域3~4月出苗，花果期5～7月。

【地理分布】常见于田间、路旁、荒山、林缘、河边、沙地草原，常成片生长。分布于我国东北、华北及陕西甘肃、山东、江苏、安徽、西藏等地区；东非的埃塞俄比亚，亚洲南部和东南部地区，包括马来西亚等地也有分布。

【防治方法】①人工除草；②化学除草。麦田应用绿麦隆、利谷隆、二甲四氯、百草敌、灭草松、巨星等除草剂；豆类田应用嗪草酮、广灭灵、普施特、氟磺胺草醚、杂草焚等除草剂；玉米田应用莠去津。

5.18.6 鱼黄草

鱼黄草（*Merremia hederacea*），别称篱栏网，隶属于植物界被子植物门双子叶植物纲旋花科（Convolvulaceae）鱼黄草属（*Merremia*）。

【危害特点】恶性杂草，容易对植物产生缠绕，影响其生长。

【识别特征】缠绕或匍匐草本，匍匐时下部茎上生须根。茎细长，有细棱，无毛或疏生长硬毛，有时仅于节上有毛，有时散生小疣状突起。叶心状卵形，顶端钝，渐尖或长渐尖，具小短尖头，基部心形或深凹，全缘或通常具不规则的粗齿或锐裂齿，有时为深或浅3裂，两面近无毛或疏生微柔毛；叶柄细长，无毛或被短柔毛.花梗长2～5mm，连同花序梗均具小疣状突起；花冠黄色，钟状，外面无毛，内面近基部具长柔毛；雄蕊与花冠近等长，花丝下部扩大，疏生长柔毛；子房球形.蒴果扁球形或宽圆锥形。

【繁育规律】一年生草本植物，种子繁殖；花期秋季，果期冬季。

【地理分布】生长于海拔130～760m的灌丛或路旁草丛，在我国产于台湾、广东、海南、广西、江西、云南。分布于非洲热带地区、马斯克林群岛，以及亚洲热带地区的印度、斯里兰卡、缅甸、泰国、越南，经整个马来西亚、加罗林群岛至澳大利亚的昆士兰，也见于太平洋中部的圣诞岛。

【防治方法】①农业防除：进行深度不少于20cm的秋翻地；加强田间管理，实现多铲多耥，在成熟前彻底清除田地周围的杂草。②化学防除：可用草甘膦、50%莠去津、2,4-D、二甲四氯。

5.18.7 圆叶牵牛

圆叶牵牛（*Pharbitis purpurea*），别称圆叶旋花、小花牵牛，隶属于植物界被子植物门双子叶植物纲管状花目旋花科（Convolvulaceae）牵牛属（*Pharbitis*）。

【危害特点】一般性杂草。有时侵入农田（旱作物地）或果园危害。该种适应性较强，故分布广泛，目前已成为庭院常见杂草，有时危害草坪和灌木。

【识别特征】牵牛属一年生缠绕草本植物，叶片圆心形或宽卵状心形，基部圆，心形，顶端锐尖、骤尖或渐尖，两面疏或密被刚伏毛；花腋生，着生于花序梗顶端成伞形聚伞花序，花序梗比叶柄短或近等长，苞片线形，萼片渐尖，花冠漏斗状，紫红色、红色或白色，花冠管通常白色，花丝基部被柔毛；子房无毛，柱头头状；花盘环状。蒴果近球形，种子卵状三棱形，黑褐色或米黄色，被极短的糠秕状毛。

【繁育规律】一年生缠绕草本植物，种子繁殖。花期5～10月，果期8～11月。

【地理分布】生于平地以至海拔2800m的田边、路边、宅旁或山谷林内，栽培或野生。我国大部分地区有分布。原产于美洲热带地区，广泛引植于世界各地，或已成为归化植物。

【防治方法】①人工除草；②使用化学除草剂定向喷雾；③利用地膜覆盖，提高地膜和土表温度，烫死杂草幼苗或抑制杂草生长。

5.18.8 月光花

月光花（*Calonyction aculeatum*），别称天茄儿、夕颜、嫦娥奔月，隶属于植物界被子植物门双子叶植物纲管状花目旋花科（Convolvulaceae）月光花属（*Calonyction*）。

【危害特点】恶性杂草，容易对植物产生缠绕，影响其生长。

【识别特征】长可达10m，有乳汁，茎圆柱形绿色，叶片卵形，先端长锐尖或渐尖，基部心形，花大，夜间开，芳香，总状，有时序轴之字曲折；萼片卵形，绿色，有长芒，内萼片芒较短或无；花冠大，雪白色，极美丽，瓣中带淡绿色，花柱和雄蕊伸出花冠外；花丝圆柱形，花药大，基部箭形，淡黄色；花盘环状，蒴果卵形，果柄粗厚。种子大，无毛。

【繁育规律】一年生草本植物，种子繁殖与不定根繁殖，花期8～9月，果期9～11月。

【地理分布】喜温暖湿润，不耐严寒，对温度、光照和湿度要求比较高，对土壤要求较低，能适应大多数土壤环境。在我国分布于陕西、江苏、浙江、江西、广东、广西、四川、云南。原产地为热带美洲，1979年以来广布于全球热带地区。

【防治方法】①人工除草；②化学除草麦田应用绿麦隆、利谷隆、二甲四氯、百草敌、灭草松、巨星等除草剂；豆类田应用嗪草酮、广灭灵、普施特、氟磺胺草醚、杂草焚等除草剂；玉米田应用莠去津。

5.18.9 掌叶鱼黄草

掌叶鱼黄草（*Merremia vitifolia*），别称毛五爪龙、毛牵牛、假番薯、红藤、掌叶山猪菜，隶属于植物界被子植物门双子叶植物纲管状花目旋花科（Convolvulaceae）鱼黄草属（*Merremia*）。

【危害特点】恶性杂草，容易对植物产生缠绕，影响其生长。

【识别特征】缠绕或平卧草本。茎带紫色，圆柱形，被疏或密的平展的黄白色微硬毛，有时无毛。叶片轮廓近圆形，基部心形，通常掌状5裂，有时3裂或7裂，裂片宽三角形或卵状披针形，顶端渐尖、锐尖或钝，两面被平伏的长的黄白色微硬毛；叶柄长1～3（～19）cm，毛被同茎。聚伞花序腋生，有1～3朵至数朵花；苞片小，钻形，花梗长1～1.6cm，顶端增粗；萼片长圆形至卵状长圆形，顶端钝圆，具小短尖头，内萼片稍长，无毛，近革质，内面灰白色；花冠黄色，漏斗状。

【繁育规律】缠绕或平卧草本，种子繁殖与营养生长。

【地理分布】生长于海拔90～1600m的地区，常生长在路旁、灌丛中或林中。分布于我国的广西、云南、广东等地，国外分布于印度、印度尼西亚、越南、马来西亚、斯里兰卡、缅甸。

【防治方法】①人工清除，劳动强度大，成本高；②化学防治：化学除草剂清除掌叶鱼黄草有很好的效果，2,4-D丁酯、恶草灵、毒莠定等化学除莠剂采用注入其茎基部的方式对掌叶鱼黄草进行清除；③生物防治：假臭草、艾蒿、飞机草、黄帚橐吾和披针叶黄华等水提液均对掌叶鱼黄草种子萌发和幼苗生长产生明显的抑制作用；鳞翅目蛾亚目天蛾科甘薯天蛾幼虫，甘薯褐龟甲可蚕食其叶片。

5.19 梧桐科（Sterculiaceae）

5.19.1 蛇婆子

蛇婆子（*Waltheria indica*），别称印度蛇婆子，隶属于植物界被子植物门双子叶植物纲锦葵目梧桐科（Sterculiaceae）蛇婆子属（*Waltheria*）。

【危害特点】作为外来入侵植物，耐性及适应性强，排挤当地植物，影响本地植物生物多样性及生态环境。

【识别特征】略直立或匍匐状半灌木，长达1m，多分枝，小枝密被短柔毛。叶卵形或长椭圆状卵形，长2.5~4.5cm，宽1.5~3cm，顶端钝，基部圆形或浅心形，边缘有小齿，两面均密被短柔毛；叶柄长0.5~1cm。聚伞花序腋生，头状，近于无轴或有长约1.5cm的花序轴；小苞片狭披针形，长约4mm；萼筒状，5裂，长3~4mm，裂片三角形，远比萼筒长；花瓣5片，淡黄色，匙形，顶端截形，比萼略长；雄蕊5枚，花丝合生成筒状，包围着雌蕊；子房无柄，被短柔毛，花柱偏生，柱头流苏状。蒴果小，二瓣裂，倒卵形，长约3mm，被毛，为宿存的萼所包围，内有种子1个；种子倒卵形，很小。花期夏秋季。

【繁育规律】略直立或匍匐状亚灌木，以种子繁殖为主，花期9月，耐旱和耐瘠薄的土壤，适应性强。

【地理分布】喜生于山野间向阳草坡上，一般分布在北回归线以南的海边和丘陵地。在我国产于台湾、福建、广东、广西、云南等省（自治区）的南部。在全世界的热带地区广泛分布。

【防治方法】①人工除草，反复多次清除较有效；②化学除草使用除草剂定向喷雾（二苯醚类除草剂）；③结合种植绿肥覆盖地表，进行综合治理。

5.20 爵床科（Acanthaceae）

5.20.1 十万错

十万错（*Asystasia chelonoides*），别称盗偷草、跌打草、细穗爵床，隶属于植物界被子植物门双子叶植物纲管状花目爵床科（Acanthaceae）十万错属（*Asystasia*）。

【危害特点】十万错作为一种入侵物种，具有入侵性，曾被澳大利亚相关部门发文通缉。

【识别特征】多年生草本，高达1m；茎两歧分枝，几被微柔毛；叶狭卵形或卵状披针形，长6~12（~18）cm，顶端渐尖或长渐尖，基部急尖，具浅波状圆齿，上面边缘被微柔毛或光滑，钟乳体白色，粗大，明显。花序总状，顶生和侧生，花单生或3出而偏向一侧，花梗长1~2mm；苞片和小苞片微小，长2~3mm；花萼裂片5，披针形，长5~6mm，与苞片和小苞片均疏生柔毛和腺毛；花冠2，唇形，白带红色或紫色，冠管钟形，长约2cm，外有短柔毛和腺毛，冠檐裂片5，略不等，短于花冠管3~4倍；雄蕊2强，2药室不等高，基部有白色小尖头；子房和花柱下部有短柔毛。蒴果长18~22mm，上部具4粒种子，下部实心似细柄状。

【繁育规律】多年生草本，以种子进行繁殖。

【地理分布】生长在高温湿热地区，分布于我国的云南（西双版纳、文山）、广东（广州）、广西（容县）。在喜马拉雅地区，印度东北、缅甸、泰国，中南半岛广泛分布。

【防治方法】①人工除草，反复多次清除较有效；②化学除草使用除草剂定向喷雾（草甘膦）；③结合种植绿肥覆盖地表，进行综合治理。

5.20.2 小驳骨

小驳骨（*Gendarussa vulgaris*），别称接骨木、接骨筒、乌骨黄藤、接骨草、尖尾凤，隶属于植物界被子植物门双子叶植物纲管状花目爵床科（Acanthaceae）驳骨草属（*Gendarussa*）。

【危害特点】适应性强，生长快，与作物竞争营养。

【识别特征】常绿小灌木，高1~2m。茎直立，茎节膨大，青褐色或紫绿色。枝条对生，无毛。单叶，叶片披针形，长6~11cm，宽1~2cm。先端尖，基部狭，边缘全缘，两面均无毛。叶柄短。春夏开花，花白色带淡紫色斑点。

【繁育规律】常绿小灌木，冬季休眠，春夏秋生长，花期春季，种子与营养繁殖。

【地理分布】生长在村旁或路边的灌丛中，在我国产于台湾、福建、广东、香港、海南、广西、云南。国外分布于印度、斯里兰卡，中南半岛至马来半岛。

【防治方法】①人工清除；②合理轮作，这是改变杂草生态环境抑制和减轻杂草危害的重要农业措施；③土壤耕作，利用犁、耙、中耕机等农具，在不同时间和季节进行耕作，对不同杂草有杀除作用；④利用地膜覆盖，提高地膜和土表温度，烫死杂草幼苗及根茎，或抑制杂草生长。

5.21 薯蓣科（Dioscoreaceae）

5.21.1 薯蓣

薯蓣（*Dioscorea opposita*），别称山药、怀山药、淮山药、土薯、山薯、玉延、山芋，隶属于植物界被子植物门单子叶植物纲百合目薯蓣科（Dioscoreaceae）薯蓣属（*Dioscorea*）。

【危害特点】薯蓣相当顽固，总是缠绕在其他农作物身上，而且长得特别长，最长能达到三四米，要消除这种草很费工夫。

【识别特征】缠绕草质藤本。块茎长圆柱形，垂直生长。茎通常带紫红色，右旋，无毛。单叶，在茎下部的互生，中部以上的对生，叶片变异大，卵状三角形至宽卵形或戟形，顶端渐尖，基部深心形、宽心形或近截形，中裂片卵状椭圆形至披针形，侧裂片耳状，圆形、近方形至长圆形；幼苗时一般叶片为宽卵形或卵圆形，基部深心形。

【繁育规律】种子繁殖，花期6~9月，果期7~11月。

【地理分布】生长于海拔150~1500m的山坡、山谷林下，溪边、路旁的灌丛中或杂草中。在我国分布于河南、安徽淮河以南、江苏、浙江、江西、福建、台湾、湖北、湖南、广东（中山牛头山）、贵州、云南北部（贡山、德钦和丽江）、四川、甘肃东部和陕西南部（海拔350~1500m）等地。朝鲜、日本也有分布。

【防治方法】①人工除草；②化学除草，采用除草剂草甘膦的、进行综合防治；③结合种植绿肥覆盖地表，进行综合治理。

5.22 鸭跖草科（Commelinaceae）

5.22.1 水竹叶

水竹叶（*Murdannia triquetra*），别称鸡舌草、鸡舌癀，隶属于植物界被子植物门单子叶植物纲鸭跖草科（Commelinaceae）水竹叶属（*Murdannia*）。

【危害特点】水竹叶分布在长江流域及其以南地区，以长江以南危害较重，越向南方水竹叶生长越快，生育期越长，危害越重。水竹叶严重影响水稻分蘖及结实，严重田块将大片水稻压倒，使之不能成穗结实。

【识别特征】具长而横走的根状茎，根状茎具叶鞘，节上具细长须状根。茎肉质，下部匍匐，节上生根，上部上升，通常多分枝，密生一列白硬毛，与下一叶鞘的一列毛相连续。叶无柄，仅在叶片下部有睫毛和叶鞘合缝处有一列毛，这一列与上一个节上的衔接而组成一个系列，叶的其他处无毛。叶片竹叶形，平展或稍折叠，顶端渐尖而头钝。花序通常仅有单朵花，顶生兼腋生，顶生者长，腋生者短。花序梗中部有一条状苞片，有时苞片腋中生一朵花。花瓣粉红色、紫红色或蓝紫色，倒卵圆形，稍长于萼片。

【繁育规律】多年生草本，种子繁殖及茎段发生不定根，花期9~10月（但在云南也有5月开花的），果期10~11月。

【地理分布】生于海拔1600m以下的水稻田边或湿地上。产于我国云南南部（西双版纳、凤庆、屏边）、四川（天全、峨眉山、合江、万源）、重庆、贵州（梵净山）、广西

（石龙、临桂）、海南（五指山）、广东（广州、连州、翁源、大埔）、湖南（东安、南岳、雪峰山、溆浦）、湖北（咸丰、恩施、利川）、陕西（南郑）、河南南部（鸡公山）、山东（牟平）、江苏（苏州）、安徽（舒城、岳西、祁门）、江西（普遍）、浙江（杭州、昌化）、福建（连城）、台湾（新店）。印度至越南、老挝、柬埔寨也有。模式标本采自印度。

【防治方法】①人工除草；②化学除草使用除草剂定向喷雾（草甘膦、茅草枯、雌氟禾草灵）；③结合种植绿肥覆盖地表，进行综合治理；④合理轮作可显著控制草害；⑤加强水浆管理可保证化学除草效果。

5.22.2 鸭跖草

鸭跖草（*Commelina communis*），别称碧竹子、翠蝴蝶、淡竹叶，隶属于植物界被子植物门单子叶植物纲粉状胚乳目鸭跖草科（Commelinaceae）鸭跖草属（*Commelina*）。

【危害特点】鸭跖草由于适应性强、发生密度大，常呈优势或单一群落。又因其再生能力和抗药性强，防除难度较大，使其成为一些地区危害严重的恶性杂草。鸭跖草影响种子萌发出苗。

【识别特征】鸭跖草叶形为披针形至卵状披针形，叶序为互生，茎为匍匐茎，花朵为聚伞花序，顶生或腋生，雌雄同株，花瓣上面两瓣为蓝色，下面一瓣为白色，花苞呈佛焰苞状，绿色，雄蕊有6枚。

【繁育规律】种子繁殖，可在2月下旬至3月上旬于温室育苗。播种前用25~27℃温水浸种8~10h后捞出，在25~27℃下催芽3~5天，种子露白后即可播种。

【地理分布】常见生于湿地、路边、沟边潮湿处及旱作地上。主要分布于热带，少数种产于亚热带和温带地区。在我国，鸭跖草科共有13属约50种，多分布于长江以南各地，尤以西南地区为盛。越南、朝鲜、日本、俄罗斯远东地区，以及北美洲也有分布。

【防治方法】①人工清除；②合理轮作，这是改变杂草生态环境抑制和减轻杂草危害的重要农业措施；③土壤耕作，利用犁、耙、中耕机等农具，在不同时间和季节进行耕作，对不同杂草有杀除作用；④利用地膜覆盖，提高地膜和土表温度，烫死杂草幼苗及根茎，或抑制杂草生长。

5.23 凤尾蕨科（Pteridaceae）

5.23.1 蜈蚣草

蜈蚣草（*Pteris vittata*），隶属于植物界蕨类植物门蕨纲真蕨目凤尾蕨科（Pteridaceae）凤尾蕨属（*Pteris*）。

【危害特点】蜈蚣草喜湿润土壤和较高的空气湿度，易大片形成。

【识别特征】植株高（20）30～100（150）cm。根状茎直立，短而粗健，粗2～2.5cm，木质，密被蓬松的黄褐色鳞片，叶簇生；柄坚硬，长10～30cm或更长，基部粗3～4mm，深禾秆色至浅褐色，幼时密被与根状茎上同样的鳞片，以后渐变稀疏；叶片倒披针状长圆形，长20～90cm或更长，宽5～25cm或更宽，羽状。

【繁育规律】分株繁殖，全年均可进行，以5～6月为好；还可通过孢子繁殖，组织繁殖；常用顶生匍匐茎、根状茎尖、气生根和孢子等作为外植体。

【地理分布】生长于海拔2000m以下钙质土或石灰岩上，也常生于石隙或墙壁上，在不同的生境下，形体大小变异很大。广布于我国热带和亚热带，以秦岭南坡为其在我国分布的北方界线。北起陕西（秦岭以南）、甘肃东南部（康县）及河南西南部（卢氏、西峡、内乡、镇平），东自浙江，经福建、江西、安徽、湖北、湖南，西达四川、贵州、云南及西藏，南到广西、广东及台湾。此外，蜈蚣草在非洲、亚洲和欧洲的热带及亚热带地区也有广泛分布。

【防治方法】①人工拔除和人工刈割；②利用除草剂；③水淹加覆膜，高温与水淹结合。

5.24 荨麻科（Urticaceae）

5.24.1 雾水葛

雾水葛（*Pouzolzia zeylanica*），隶属于植物界被子植物门双子叶植物纲荨麻目荨麻科（Urticaceae）雾水葛属（*Pouzolzia*）雾水葛种。

【危害特点】生于潮湿的山地、沟边和路旁或低山灌丛中或疏林中。雾水葛与农作物竞争光照、水分和养分，影响农作物的生长和产量。

【识别特征】多年生草本；茎直立或渐升，高12～40cm，不分枝，通常在基部或下部有1～3对对生的长分枝，枝条不分枝或有少数极短的分枝，有短伏毛，或混有开展的疏柔毛。叶全部对生，或茎顶部的对生；叶片草质，卵形或宽卵形，长1.2～3.8cm，宽0.8～2.6cm，雌雄花生于同一花序上，混生。雄花淡绿色或淡紫色，花被4裂，裂片长圆形，外被柔毛，雄蕊4枚，白色，突出。雌花被管状，长不及2mm，有棱，先端4裂，外被柔毛。

【繁育规律】多年生草本，种子繁殖，花期秋季。

【地理分布】生于平地的草地上或田边、丘陵或低山的灌丛中或疏林中、沟边，海拔300～800m，在云南南部可达1300m。在我国产于云南南部和东部、广西、广东、福建、江西、浙江西部、安徽南部（黄山）、湖北、湖南、四川、甘肃南部。亚洲热带地区广布。

【防治方法】①人工除草，反复多次清除较有效；②化学除草使用除草剂定向喷雾（阔叶净、草甘膦）；③结合种植绿肥覆盖地表，进行综合治理。

5.24.2 苎麻

苎麻（*Boehmeria nivea*），别称野麻、白叶苎麻，隶属于植物界被子植物门双子叶植物纲荨麻目荨麻科（Urticaceae）苎麻属（*Boehmeria*）。

【危害特点】生于海拔200～1700m的山谷林边或草坡，苎麻的根系发达，再生能力强会与农作物竞争资源，影响农作物的正常生长和发育。

【识别特征】亚灌木或灌木，高0.5～1.5m；茎上部与叶柄均密被开展的长硬毛和近开展、贴伏的短糙毛。叶互生；叶片草质，通常圆卵形或宽卵形，少数卵形，疏被短伏毛，下面密被雪白色毡毛，侧脉约3对；叶柄长2.5～9.5cm；托叶分生，钻状披针形，背面被毛。圆锥花序腋生，或植株上部为雌性，其下为雄性，或同一植株全为雌性，长2～9cm；雄团伞花序直径1～3mm，有少数雄花；雌团伞花序直径0.5～2mm，有多数密集的雌花。瘦果近球形，光滑，基部骤缩成细柄。

【繁育规律】多年生宿根性作物，种子繁殖，花期8～10月。

【地理分布】生长于山谷林边或草坡。在我国云南、贵州、广西、广东、福建、江西、台湾、浙江、湖北、四川，以及甘肃、陕西、河南的南部广泛栽培。越南、老挝等地也有分布。

【防治方法】①人工除草；②化学除草使用化学除草剂除草；③结合种植绿肥覆盖地表，进行综合治理。

5.25 山柑科（Capparaceae）

5.25.1 黄花草

黄花草（*Cleome viscosa*），别称臭矢菜、豨莶草、黄花菜、向天黄，隶属于植物界被子植物门双子叶植物纲十字花目山柑科（Capparaceae）白花菜属（*Cleome*）。

【危害特点】黄花草具有极强的繁殖力和竞争力，会与农作物竞争养分、水分和空间，影响农作物的生长和产量。

【识别特征】一年生直立草本，高0.3～1m，茎基部常木质化，干后绿黄色，有纵细槽纹，全株密被黏质腺毛与淡黄色柔毛，无刺，有恶臭气味。叶为具3～5（～7）小叶的掌状复叶，小叶薄草质，近无柄，倒披针状椭圆形，中央小叶最大，长1～5cm，宽5～15mm，侧生小叶依次减小，全缘但边缘有腺纤毛，侧脉3～7对；叶柄长（1～）2～4（～6）cm，无托叶。花单生于茎上部逐渐变小与简化的叶腋内，但近顶部则呈总状或散房状花序；花瓣淡黄色或橘黄色，无毛，有数条明显的纵行脉，倒卵形或匙形，长7～12mm，宽3～5mm，基部楔形至多少有爪，顶端圆形；柱头头状。果直立，圆柱形，劲直或稍镰弯，密被腺毛，基部宽阔无柄，顶端渐狭成喙，长6～9cm，中部直径约3mm，成熟后果瓣自顶端向下开裂，果瓣宿存，表面有多条多少呈同心弯曲纵向平行凸起的棱与凹陷的槽，两条胎座框特别凸起，宿存的花柱长约5mm；种子黑褐色，直径1～1.5mm，表面约有30条横向平行皱纹。

【繁育规律】一年生直立草本，靠种子繁殖，并可用地下芽行营养繁殖，无明显花果期，通常3月出苗，7月果熟。

【地理分布】生态环境差异较大，多见于干燥气候条件下的荒地、路旁及田野间。产于我国云南（元江、富宁）、广西、广东、福建、浙江、台湾、江西、湖南、安徽等省（自治区）。

【防治方法】①人工除草：由于该种主要靠其多年生地下根为来侵占农田，因此，要利用各种耕翻、耙、中耕松土等措施，在农作物播种前、出苗前及各生育期等进行不同时期的除草，或将其地下部分翻出地面使之干死。同时要清除路旁、田边的杂草，以防止其种子的传播。②化学除草：可利用利谷隆等除草剂防治。

5.25.2 皱子白花菜

皱子白花菜（*Cleome rutidosperma*），别称平伏茎白花菜、成功白花菜，隶属于植物界被子植物门双子叶植物纲罂粟目山柑科（Capparaceae）白花菜属（*Cleome*）。

【危害特点】皱子白花菜会与农作物竞争养分、水分和光照，影响农作物的正常生长和产量。

【识别特征】茎直立、开展或平卧，分枝疏散，无刺，茎、叶柄及叶背脉上疏被无腺疏长柔毛，有时近无毛。叶具3小叶，小叶椭圆状披针形，有时近斜方状椭圆形，顶端急尖或渐尖、钝形或圆形，基部渐狭或楔形。花单生于茎上部。叶具短柄，叶片较小的叶腋内，常2~3花连接着生在2~3节上形成开展有叶而间断的花序；萼片4，绿色，分离，狭披针形，顶端尾状渐尖，背部被短柔毛，边缘有纤毛；花瓣4，新鲜标本上2个中央花瓣中部有黄色横带，2个侧生花瓣颜色一样，顶端急尖或钝形，有小凸尖头；花盘不明显，花托长约1mm，雄蕊6；子房线柱形，无毛，有些花中子房不育；花柱短而粗，柱头头状。果线柱形，表面平坦或微呈念珠状，两端变狭。

【繁育规律】一年生草本，种子繁殖，花果期6~9月。

【地理分布】生于路旁草地、荒地、苗圃、农场，常为田间杂草。在我国产于云南西部（芒市）、台湾（台北、屏东）。原产于西非热带地区，分布于几内亚至刚果和安哥拉一带。

【防治方法】①人工除草；②化学除草使用化学除草剂进行防除；③结合种植绿肥覆盖地表，进行综合治理。

5.26 海金沙科（Lygodiaceae）

5.26.1 海金沙

海金沙（*Lygodium japonicum*），隶属于植物界蕨类植物门蕨纲真蕨目海金沙科（Lygodiaceae）海金沙属（*Lygodium*）。

【危害特点】多生于路边、山坡灌丛、林缘溪谷丛林中，常缠绕生长于其他较大型的植物上。海金沙作为一种攀缘性植物，在农田中生长会缠绕在农作物上，与农作物竞争资源，影响农作物的正常生长和发育。喜温暖湿润环境、空气相对湿度60%以上，喜散射光，忌阳光直射，喜排水良好的砂质壤土，为酸性土壤的指示植物。

【识别特征】陆生攀缘植物。植株高可达4m。叶轴上面有狭边，对生于叶轴上的短距两侧，平展。不育羽片尖三角形，长宽几相等，同羽轴一样多少被短灰毛，两侧有狭边，一回羽片互生，二回小羽片卵状三角形，掌状三裂；末回裂片短阔，波状浅裂；叶缘有不规则的浅圆锯齿。主脉明显，侧脉纤细，叶纸质，能育羽片卵状三角形，长宽几相等，孢子囊往往长远超过小羽片的中央不育部分，排列稀疏，暗褐色，无毛。

【繁育规律】陆生攀缘植物，通过孢子进行繁殖，可借自然风力、雨水进行传播。

【地理分布】生长于山坡草丛或灌木丛中，耐光，忌阳光直射，喜温暖湿润环境、喜散射光，喜排水良好的砂质土壤。分布于我国江苏、浙江、安徽南部、福建、台湾、广东、香港、广西、湖南、贵州、四川、云南、陕西南部。在琉球群岛、斯里兰卡、菲律宾、印度、印度尼西亚（爪哇岛）、澳大利亚北部热带地区都有分布。

【防治方法】①人工除草，在结果前拔除；②化学除草，使用化学除草剂除草；③结合种植绿肥覆盖地表，进行综合治理。

5.27 紫茉莉科（Nyctaginaceae）

5.27.1 黄细心

黄细心（*Boerhavia diffusa*），别称沙参、黄寿丹、鸡骨藤、老来青、野瓮菜、焦油藤，隶属于植物界被子植物门双子叶植物纲中央种子目紫茉莉科（Nyctaginaceae）黄细心属（*Boerhavia*）。

【危害特点】黄细心在农田中生长，会与农作物竞争养分、水分和光照，影响农作物的正常生长和发育。

【识别特征】多年生蔓性草本，长可达2m。根肥粗，肉质。茎无毛或被疏短柔毛。叶片卵形，顶端钝或急尖，基部圆形或楔形，边缘微波状，两面被疏柔毛，下面灰黄色，干时有皱纹；叶柄长4～20mm。头状聚伞圆锥花序顶生；花序梗纤细，被疏柔毛；花梗短或近无梗，苞片小，披针形，被柔毛；花被淡红色或亮紫色，花被筒上部钟形，薄而微透明，被疏柔毛，具5肋，顶端皱褶，浅5裂，下部倒卵形，具5肋，被疏柔毛及黏腺；雄蕊1～3，稀4或5，不外露或微外露，花丝细长；子房倒卵形，花柱细长，柱头浅帽状。果实棍棒状，具5棱，有黏腺和疏柔毛。

【繁育规律】多年生蔓性草本，通过种子繁殖，花果期夏秋间。

【地理分布】生长于海拔130～1900m沿海旷地或干热河谷地区。产于我国福建（厦门）、台湾（南部）、广东（台山）、海南、广西、四川、贵州、云南。琉球群岛、菲律宾、印度尼西亚、马来西亚、越南、柬埔寨、印度、澳大利亚，太平洋岛屿及美洲、非洲也有分布。

【防治方法】①人工除草；②化学除草使用除草剂五氟磺草胺；③结合种植绿肥覆盖地表，进行综合治理。

5.28 伞形科（Umbelliferae）

5.28.1 积雪草

积雪草（*Centellaa siatica*），别称铜钱草、马蹄草、钱齿草、崩大碗，隶属于植物界被子植物门双子叶植物纲伞形目伞形科（Umbelliferae）积雪草属（*Centella*）。

【危害特点】积雪草会在农田中生长，与农作物竞争资源，影响农作物的正常生长和发育。

【识别特征】多年生草本，茎匍匐，细长，节上生根。叶片膜质至草质，圆形、肾形或马蹄形，边缘有钝锯齿，基部阔心形，两面无毛或在背面脉上疏生柔毛；掌状脉5~7，两面隆起，脉上部分叉；叶柄长1.5~27cm，无毛或上部有柔毛，基部叶鞘透明，膜质。伞形花序梗2~4个，聚生于叶腋，有或无毛；苞片通常2，很少3，卵形，膜质；每一伞形花序有花3或4，聚集呈头状，花无柄或有1mm长的短柄；花瓣卵形，紫红色或乳白色，膜质；花柱长约0.6mm；花丝短于花瓣，与花柱等长。果实两侧扁压，圆球形，基部心形至平截形，每侧有纵棱数条，棱间有明显的小横脉，网状，表面有毛或平滑。

【繁育规律】多年生草本，以分株法或扦插法繁殖为主，多在每年3~5月进行，栽培容易，保持栽培土湿润，1~2周即可发根，亦可采用播种法进行育苗。花果期4~10月。

【地理分布】喜生于海拔200~1900m的阴湿草地或水沟边。在我国分布于陕西、江苏、安徽、浙江、江西、湖南、湖北、福建、台湾、广东、广西、四川、云南等省（自治区）。印度、斯里兰卡、马来西亚、印度尼西亚、日本、澳大利亚，以及中非、南非及大洋洲群岛也有分布。

【防治方法】①人工除草；②化学除草使用化学除草剂除草；③结合种植绿肥覆盖地表，进行综合治理。

5.28.2 刺芹

刺芹（*Eryngium foetidum*），别称香菜、假芫荽、节节花、野香草、假香菜、缅芫荽、阿佤芫荽，隶属于植物界被子植物门双子叶植物纲原始花被亚纲伞形目伞形科（Umbelliferae）变豆菜亚科刺芹属（*Eryngium*）。

【危害特点】为果园和农田常见杂草，危害轻。

【识别特征】基生叶披针形或倒披针形不分裂，革质，长5~25cm，宽1.2~4cm，顶端钝，近基部的锯齿狭窄呈刚毛状，表面深绿色，背面淡绿色，两面无毛，羽状网脉；茎生叶着生在每一叉状分枝的基部，对生，无柄，边缘有深锯齿，齿尖刺状，顶端不分裂或3~5深裂。头状花序生于茎的分叉处及上部枝条的短枝上，呈圆柱形；花瓣与萼齿近等长，倒披针形至倒卵形，顶端内折，白色、淡黄色或草绿色；花丝长约1.4mm；花柱直立或稍向外倾斜，略长过萼齿。果卵圆形或球形，表面有瘤状凸起，果棱不明显。

【繁育规律】二年生或多年生草本，以种子进行繁殖，花果期4~12月。

【地理分布】通常生长在海拔100~1540m的丘陵、山地林下、路旁、沟边等湿润处。在我国分布于广东、广西、海南、贵州、云南（河口、双江、孟定、景洪、沧源、勐腊、芒市）等地。南美洲东部、中美洲、安的列斯群岛至亚洲、非洲的热带地区。

【防治方法】①人工除草；②化学除草使用化学除草剂除草；③结合种植绿肥覆盖地表，进行综合治理。

5.29 蒺藜科（Zygophyllaceae）

5.29.1 蒺藜

蒺藜（*Tribulus terrestris*），别称白蒺藜、名茨、旁通、屈人、止行、休羽、升推，隶属于植物界被子植物门双子叶植物纲牻牛儿苗目蒺藜科（Zygophyllaceae）蒺藜属（*Tribulus*）。

【危害特点】果刺易黏附家畜毛间，有损皮毛质量。为草场有害植物。

【识别特征】一年生草本。茎平卧，无毛，被长柔毛或长硬毛，枝长20~60cm，偶数羽状复叶；小叶对生，3~8对，矩圆形或斜短圆形，先端锐尖或钝，基部稍偏斜，被柔毛，全缘。花腋生，花梗短于叶，花黄色；萼片5，宿存；花瓣5；雄蕊10，生于花盘基部，基部有鳞片状腺体，子房5棱，柱头5裂，每室3或4颗胚珠。果有分果瓣5，硬，无毛或被毛，中部边缘有锐刺2枚，下部常有小锐刺2枚，其余部位常有小瘤体。

【繁育规律】一年生草本，通过种子繁殖，花期5~8月，果期6~9月。

【地理分布】生于沙地、荒地、山坡、居民点附近。我国各地均有分布。全球温带都有分布。

【防治方法】①人工除草；②化学除草使用化学除草剂除草；③结合种植绿肥覆盖地表，进行综合治理。

5.30 马鞭草科（Verbenaceae）

5.30.1 假马鞭

假马鞭（*Stachytarpheta jamaicensis*），别称倒团蛇、玉龙鞭、大种马鞭草、大蓝草，隶属于植物界被子植物门双子叶植物纲管状花目马鞭草科（Verbenaceae）假马鞭属（*Stachytarpheta*）。

【危害特点】假马鞭已经占领了中国惠州稔平半岛路边、荒地等处，所到之处其他低矮草本植物常逐渐被排斥，入侵后常常形成单优群丛，减少了生境生物的多样性。调查中还发现，大部分假马鞭植株在12月时进入结实期，但仍能看到苗期和开花期的植株，说明该草发生时间长，种子为相继成熟型，散落地上的种子遇适宜条件当年即可萌发，并能较快形成植株，进入下一轮生育期。假马鞭的病虫害很少，仅发现有少量植株受霜霉病危害，但都只是影响植株的生长发育，没有发现受病虫危害死亡的植株。有研究表明，假马鞭是粉虱传双生病毒的寄主。假马鞭在其原产地就是杂草，生长于人为干扰的区域，如路旁、住宅旁等，也在荒地牧场中生长。许多外来入侵杂草具有化感作用，对其他杂草和作物都有化感抑制作用，且繁殖速度快，对土壤肥力吸收能力强，入侵后给农田生态系统造成的危害远大于一些常见的农田杂草。鉴于假马鞭草在惠州稔平半岛路边形成单优群落，该草入侵后会给当地农业、林业、畜牧业及生态环境带来极大的危害。

【识别特征】多年生粗壮草本或亚灌木，高0.6~2m；幼枝近四方形，疏生短毛。叶片厚纸质，椭圆形至卵状椭圆形，长2.4~8cm，顶端短锐尖，基部楔形，边缘有粗锯齿，两面均散生短毛，侧脉3~5，在背面突起；叶柄长1~3cm。穗状花序顶生，长11~29cm；花单生于苞腋内，一半嵌生于花序轴的凹穴中，螺旋状着生；苞片边缘膜质，有纤毛，顶端有芒尖；花萼管状，膜质、透明、无毛，长约6mm；花冠深蓝紫色，长0.7~1.2cm，内面上部有毛，顶端5裂，裂片平展；雄蕊2，花丝短，花药2裂；花柱伸出，柱头头状；子房无毛。果内藏于膜质的花萼内，成熟后2瓣裂，每瓣有1种子。

【繁育规律】多年生粗壮草本或亚灌木，通过种子繁殖，花期8月，果期9~12月。

【地理分布】常生长在海拔300~580m的山谷阴湿处草丛中。在我国产于福建、广东、广西和云南南部。原产于中美洲、南美洲，在东南亚广泛分布。

【防治方法】①人工除草；②化学除草使用化学除草剂除草；③结合种植绿肥覆盖地表，进行综合治理。

5.30.2 大青

大青（*Clerodendrum cyrtophyllum*），别称路边青、土地骨皮、山靛青、鸭公青、臭冲柴、青心草、淡婆婆、山尾花、山漆、牛耳青、野靛青、臭叶树、猪屎青、鸡屎青，隶属于植物界被子植物门双子叶植物纲合瓣花亚纲管状花目马鞭草科（Verbenaceae）大青属（*Clerodendrum*）。

【危害特点】大青会在农田中生长，与农作物竞争资源影响农作物的正常生长和发育。

【识别特征】灌木或小乔木，高1~10m；幼枝被短柔毛，枝黄褐色，髓坚实；冬芽圆锥状，芽鳞褐色，被毛。叶片纸质，椭圆形、卵状椭圆形、长圆形或长圆状披针形，长6~20cm，宽3~9cm，顶端渐尖或急尖，基部圆形或宽楔形，通常全缘，两面无毛或沿脉疏生短柔毛，背面常有腺点，侧脉6~10对；叶柄长1~8cm。伞房状聚伞花序，生于枝顶或叶腋，长10~16cm，宽20~25cm；苞片线形，长3~7mm；花小，有橘香味；萼杯状，外面被黄褐色短绒毛和不明显的腺点，长3~4mm，顶端5裂，裂片三角状卵形，长约1mm；花冠白色，外面疏生细毛和腺点，花冠管细长，长约1cm，顶端5裂，裂片卵形，长约5mm；雄蕊4，花丝长约1.6cm，与花柱同伸出花冠外；子房4室，每室1胚珠，常不完全发育；柱头2浅裂。果实球形或倒卵形，径5~10mm，绿色，成熟时蓝紫色，被红色的宿萼所托。

【繁育规律】灌木或小乔木，以种子进行繁殖，花果期6月至次年2月。

【地理分布】生于海拔1700m以下的平原、丘陵、山地林下或溪谷旁。产于我国华东、中南、西南（四川除外）各省（自治区）。朝鲜、越南和马来西亚也有分布。

【防治方法】①人工除草；②化学除草使用化学除草剂除草；③结合种植绿肥覆盖地表，进行综合治理。

5.31 木贼科（Equisetaceae）

5.31.1 节节草

节节草（*Equisetum ramosissimum*），别称土麻黄、草麻黄、木贼草、草麻黄、节节木贼，隶属于植物界蕨类植物门木贼纲木贼目木贼科（Equisetaceae）木贼属（*Equisetum*）。

【危害特点】为麦类、油菜等夏收作物和棉花、玉米、甘薯等秋收作物，以及果树、茶树的常见杂草。

【识别特征】多年生草本。根茎黑褐色，生少数黄色须根。茎直立，单生或丛生，高达70cm，径1~2mm，灰绿色，肋棱6~20条，粗糙，有小疣状突起1列；沟中气孔线1~4列；中部以下多分枝，分枝常具2~5小枝。叶轮生，退化连接成筒状鞘，似漏斗状，亦具棱；鞘口随棱纹分裂成长尖三角形的裂齿，齿短，外面中心部分及基部黑褐色，先端及缘渐成膜质，常脱落。孢子囊穗紧密，矩圆形，无柄，长0.5~2cm，有小尖头，顶生，孢子同型，具2条丝状弹丝，十字形着生，绕于孢子上，遇水弹开，以便繁殖。

【繁育规律】节节草常采用种子及分株繁殖。孢子繁殖：从孢子囊穗上采下成熟的孢子囊，将孢子播种于土壤表面，稍覆土，浇水保持湿润，即可萌发。根茎繁殖：早春或秋季将节节草根茎分成6cm长小段，栽于土

壤中，覆土5～6cm，浇水易成活。种子繁殖：应采取节节草成熟饱满的种子，条播或穴播。

【地理分布】在我国分布于黑龙江、吉林、辽宁、内蒙古、北京、天津、河北、山西、陕西、宁夏、甘肃、青海、新疆、山东、江苏、上海、安徽、浙江、江西、福建、台湾、河南、湖北、湖南、广东、广西、海南、四川、重庆、贵州、云南、西藏。海拔100～3300m。

【防治方法】一般于稻田翻耕前、土壤干燥的情况下，选择晴天用10%草甘膦水剂200～300倍液喷雾，然后暴晒1～2天，施药后8h内若下雨，应补喷；如果稻田已翻耕，则应等杂草萌发出新草后，在土壤干燥的情况下，用草甘膦喷雾，喷药后2～3天即可播插作物。草甘膦的残效期可达1个月以上，且毒性发挥较慢，一般在施药后7～10天见效，若要提早见效，可提高浓度，用10%草甘膦水剂50～100倍液。在施药后一个月再施一次草甘膦，能起到根除节节草的效果。

5.32 椴树科（Tiliaceae）

5.32.1 刺蒴麻

刺蒴麻（*Triumfetta rhomboidea*），隶属于植物界被子植物门双子叶植物纲原始花被亚纲锦葵目椴树科（Tiliaceae）椴树亚科刺蒴麻属（*Triumfetta*）。

【危害特点】刺蒴麻作为一种杂草，会与农作物竞争土壤中的养分和水分，影响农作物的正常生长和发育。

【识别特征】亚灌木；嫩枝被灰褐色短茸毛。叶纸质，生于茎下部的阔卵圆形，长3～8cm，宽2～6cm，先端常3裂，基部圆形；生于上部的长圆形，上面有疏毛，下面有星状柔毛，基出脉3～5条，两侧脉直达裂片尖端，边缘有不规则的粗锯齿；叶柄长1～5cm。聚伞花序数枝腋生，花序柄及花柄均极短；萼片狭长圆形，长5mm，顶端有角，被长毛；花瓣比萼片略短，黄色，边缘有毛；雄蕊10枚；子房有刺毛。果球形，不开裂，被灰黄色柔毛，具钩针刺长2mm，有种子2～6粒。

【繁育规律】亚灌木，以种子进行繁殖，花期夏秋季间。

【地理分布】喜湿，耐阴，生于田边、路旁、荒地、林下。在我国分布于云南、广西、广东、福建、台湾。在亚洲热带地区及非洲也有分布。

【防治方法】①人工除草；②化学除草使用化学除草剂除草；③结合种植绿肥覆盖地表，进行综合治理。

5.33 野牡丹科（Melastomataceae）

5.33.1 地菍

地菍（*Melastoma dodecandrum*），别称地脚菍、山地菍、土茄子、紫茄子、玻璃罐、地茄子、地茄、地蒲根、地枇杷、地锦草、地罐子、地稔、地棯、地石榴、铺地棯、地兰子、红廷仔、野落茄、软枝埔必、小号狗螺、小样厚酒瓮、细枝杜必、山乌辣茄、山地稔根、山地、披地杜必、地芩、地副、背篓七、辣茄、地念、矮脚杜必、铺地锦、火炭泡、库卢子、地樱子、铺地稔，隶属于植物界被子植物门双子叶植物纲原始花被亚纲桃金娘目野牡丹科（Melastomataceae）野牡丹属（*Melastoma*）地稔种。

【危害特点】地稔生长迅速、繁殖能力强，在农田中生长，会与农作物竞争资源，影响农作物的正常生长和发育。

【识别特征】匍匐状小灌木，长10～30cm；幼时被糙伏毛，以后无毛；叶片坚纸质，卵形或椭圆形，聚伞花序顶生，花瓣淡紫红色至紫红色，菱状倒卵形。

【繁育规律】地稔繁殖方法多样，可以用种子进行有性繁殖，也可切割或扦插等进行无性繁殖。为加快地稔生长速度，一般采用切割的繁殖方式，在清明节前后选择生长势强的地稔植株，用铁铲划分成10cm×10cm的方块，带土按30cm×30cm的规格进行移栽。栽植时选阴雨天或早、晚阳光不强的时候为佳，栽好后压实并浇定根水，若有条件，可以用遮阳网在离地表20cm高处遮阴，可以有效提高移栽地稔的成活率。花期5～7月，果期7～9月。

【地理分布】生于海拔1250m以下的山坡矮草丛中，为酸性土壤常见的植物。产于我国贵州、湖南、广西、广东、江西、浙江、福建。越南也有分布。

【防治方法】①人工除草；②化学除草，使用化学除草剂除草；③结合种植绿肥覆盖地表，进行综合治理。

5.34 玄参科（Scrophulariaceae）

5.34.1 毛麝香

毛麝香（*Adenosma glutinosum*），别称蓝花草、蓝花酒饼草、甘脑、辣蓟、蓝花山薄荷、毛射、毛射香、山薄荷、辣鸡、五凉草、饼草、防风草、解菜、酒子草、毛老虎、香草、土茵陈、麝香草、凉草，隶属于植物界被子植物门双子叶植物纲合瓣花亚纲管状花目玄参科（Scrophulariaceae）毛麝香属（*Adenosma*）。

【危害特点】适应性强，会与农作物竞争资源，影响农作物的正常生长和发育。

【识别特征】高25～65cm，有时可达100cm，全株被腺毛。叶对生，纸质，卵形至长圆形，长2～6.5cm，宽达1.5cm，顶端钝，基部阔楔尖，边缘有钝齿；叶柄长约5mm或稍过之。花秋季开放，蓝色，排成顶生和腋生，稠密多花的圆头状或长圆状穗状花序，基部有总苞状苞片，小苞片线形，长3～4mm；萼长4～5mm，5深裂，裂片长圆状披针形，长2～3mm，上方一片较其余的稍大；花冠长约6mm，檐部二唇形，上唇近直立，微缺或浅2裂，下唇伸展，近等大的3裂，雄蕊4，前雄蕊花药仅1室能育，后雄蕊2室均能育或其中1室不育。原植物球花毛麝香为一年生直立草本，蒴果卵形，长约3mm，成熟时4瓣裂。

【繁育规律】一年生草本；以种子进行繁殖，花果期10月。

【地理分布】常生于旷野、荒坡上。分布于我国云南、广西、广东和海南等省（自治区）。斯里兰卡、印度和中南半岛均有分布。

【防治方法】①人工除草；②化学除草使用化学除草剂除草；③结合种植绿肥覆盖地表，进行综合治理。

5.34.2 野甘草

野甘草（*Scoparia dulcis*），别称冰糖草，隶属植物界被子植物门双子叶植物纲管状花目玄参科（Scrophulariaceae）野甘草属（*scoparia*）。

【危害特点】适应性强，防除难度大，影响作物生长。

【识别特征】亚灌木，高25~80cm，全株无毛。根粗壮。茎直立，有分枝，下部木质化。叶小，对生及轮生，披针形至椭圆形或倒卵形，长5~20mm，先端短尖，基部渐狭而成一短柄，边缘有锯齿。花小，多数，白色，单生或成对；萼4，卵状矩圆形，长约2mm；花冠辐状，4裂，裂片椭圆形，花径4~5mm，喉部有毛；雄蕊4，花药箭头形，黄绿色；雌蕊1，花柱细长，柱头盘状。

【繁育规律】亚灌木，种子繁殖。花果期夏秋季或几乎全年。

【地理分布】喜生于荒地、路旁，亦偶见于山坡。分布于我国广东、广西、云南、福建。原产于美洲热带地区，现已广布于全球热带地区。

【防治方法】防除应采取农艺措施和化学除草相结合的方法。①农艺措施。第一是建立地平沟畅、保水性好、灌溉自如的水稻生产环境；第二是结合种子处理清除杂草的种子，并结合耕翻、整地，消灭土表的杂草种子；第三是实行定期的水旱轮作，减少杂草的发生；第四是提高播种的质量，一播全苗，以苗压草。②化学除草。多数地方采用一次性封杀，就是在播种（催芽）后1~3天，亩用40%"直播青"可湿性粉剂60g，兑水40~50kg，均匀喷雾，施药时田板保持湿润。3天后恢复正常灌水和田间管理。通过化学防除后，如果后期仍有一定量的杂草，可采取针对法进行补除。例如，以稗、千金子为主的田块，在杂草3~5叶期，可用10%氰氟草酯50ml加水30kg，用针对法进行茎叶喷雾。用药前一天田间必须放干水，药后2天再恢复正常管理。例如，以莎草、阔叶杂草为主的田块，在播后30天左右，亩用10%水星可湿性粉剂20g加20%二甲四氯水剂150ml混用，兑水30kg，采用针对法喷雾。水浆管理同上。如果田间各种杂草共生，可用48%灭草松水剂75~100ml加20%二甲四氯水剂150ml混用，采用针对法喷雾。

第6章
恶性杂草

恶性杂草（Malignant Weed），指相较于普通杂草难于防治、传播迅速且危害特别严重，如具节山羊草，节节麦，豚草，刺苞草，野莴苣等。全世界30多万种植物中，杂草的总数有3万多种，约占植物总数的十分之一。其中，每年约有1800种杂草对农业生产造成不同程度的损失。生长于主要作物田的杂草约200多种，其中危害最严重的杂草不过20～30种。这些杂草由于地区、国家、气候和土壤条件、作物及栽培方法的不同，其分布存在明显差异。

6.1 世界恶性杂草

1. 恶性杂草的特点

1）适应能力突出，能适应各种不同的气候和土壤条件，能在世界大部分地区生长繁殖。条件不适时能减缓生长，而在条件适宜时呈现暴发式的生长。例如，十大恶性杂草都极容易暴发大规模的草荒，对农业生产造成大面积的严重破坏。

2）繁殖能力极强，即便是一粒种子生长也能迅速发展成一个很大的群落。而且种子生命力非常顽强，能耐受各种极端条件。

3）难以根除，这些杂草大多是拟态性或宿根性的植物。拟态性的杂草本身与农作物难以区分，生物特性又与农作物十分相近，目前的化学除草剂的靶标还不足以精确到如此程度能区分开拟态性杂草和农作物。另外一些宿根性的杂草生命力极其顽强，不斩草除根不足以铲除它们。一般的除草手段，仅能治标，而达不到治本。

2. 世界十大恶性杂草及我国国家质量监督与检验检疫总局公布的严禁入境的恶性杂草

全世界危害最严重的杂草有10种，分别是香附子、假高粱、节节麦、早熟禾、喜旱莲子草、水葫芦、豚草、大米草、毒麦、加拿大一枝黄花。此外，中国国家质量监督与检验检疫总局公布的严禁入境的世界恶性杂草有34种，具体名录如表6-1所示。

表6-1 中国国家质量监督与检验检疫总局公布的严禁入境的34种世界恶性杂草名录

1	具节山羊草	*Aegilops cylindrica* Host	18	节节麦	*Aegilops squarrosa* L.
2	豚草	*Ambrosia artemisiifolia* L.	19	三裂叶豚草	*Ambrosia trifida* L.
3	多年生豚草	*Ambrosia psilostacya* DC.	20	大阿米芹	*Ammi majus* L.
4	细茎野燕麦	*Avena barbata* Brot.	21	法国野燕麦	*Avena Iudovicia* Dur.
5	不实野燕麦	*Avena sterilis* L.	22	疣果匙荠	*Bunias orientalis* L.
6	宽叶高加利	*Caucalis latifolia* L.	23	蒺藜草	*Cenchrus echinatus* L.
7	疏花蒺藜草	*Cenchrus pauciflorus* Benth	24	匍匐矢车菊	*Centaurea repens* L.
8	刺苞草	*Cenchrus tribuloides* L.	25	丝路蓟	*Cirsium arvense* L.
9	田旋花	*Convolvulus arvensis* L.	26	美丽猪屎豆	*Crotalaria spectabilis* Roth
10	南方三棘果	*Emex australis* Steinh.	27	齿裂大戟	*Euphorbia dentata* Michx.
11	提琴叶牵牛花	*Ipomoea pandurata*（L.）G.F.W.Mey.	28	小花假苍耳	*Iva axillaris* Pursh
12	假苍耳	*Iva xanthifolia* Nutt.	29	欧洲山萝卜	*Knautia arvensis*（L.）Coulter
13	野莴苣	*Lactuca serriola* L	30	毒莴苣	*Lactuca serriola* L.
14	臭千里光	*Senecio jacobaea* L.	31	北美刺龙葵	*Solanum carolinense* L.
15	银毛龙葵	*Sloanum elaeagnifolium* Cav.	32	刺萼龙葵	*Solanum rostratum* Dun.
16	刺茄	*Solanum torvum* Swartz	33	独脚金属	*Striga* spp.
17	翅蒺藜	*Tribulus alatus* Delile	34	意大利苍耳	*Xanthium italicum* Moretti

6.2 中国农田恶性杂草

下文罗列了在我国危害严重的10种（类）恶性杂草，具体如下。

1. 香附子

又名回头青，莎草科，多年生，具地下块茎的旱田难除杂草。地下块茎或小坚果繁殖。3月下旬至4月为发芽期，主株可长出1至数条根茎，向前延伸并长出块茎，块茎又可长出根茎及块茎，如此反复，在一个生长季中，繁殖速度以数十至上百倍地增长。又因一般锄地只除去其地上部分茎叶，地下部块茎可重新长出新苗，所以又名"回头青"。6~7月开花，8~10月结籽。当年即可发芽，长成实生苗，第二年才能繁殖。香附子为世界性恶性杂草之一，广泛分布于南北纬37°之间的温暖多雨地带。我国多分布在华南、华东、西南等热带、亚热带及部分温带地区。主要危害棉花、花生、陆稻、甘蔗、大豆、甘薯、蔬菜和果树等。香附子还是椿象、铁甲虫、飞虱等的寄主。

2. 田旋花

又名中国旋花、箭叶旋花，旋花科旋花属，多年生缠生杂草。种子繁殖。4月根茎上不定芽陆续出苗，花期6~8月，果期6~9月。7~8月雨季高温，生长不旺，危害不大。9~10月天气晴朗凉爽，白天温暖，是营养生长的第二高峰期。此时无性繁殖旺盛，根芽生长较快，秋末地上部枯死。主要危害小麦、春玉米、棉花、蔬菜、果树等。田旋花难以防治的主要原因是地下根茎太深，且剪断之后，每个块茎又可重生，繁殖力极强。

3. 苣荬菜

又名曲麻菜，菊科苦苣菜属，多年生根茎杂草。匍匐茎和种子繁殖。春天发芽，不断长出新植株并向周围伸展。其根茎上芽多而脆，折断后易再生成新株。分布于全国各地耕田、路边、沟旁、荒地。单生或混生于小麦、大豆、玉米及果园中。苣荬菜难以防除的主要原因是根太深，郑州黄河滩里的苣荬菜根深可达1m以上，且为双根深入。

4. 马唐

又名抓根草、鸡爪草、倒蹲驴、羊麻、马饭，禾本科马唐属，一年生晚春性及雨季杂草。马唐是旱地作物主要杂草，单生或群生。20℃以下发芽很慢，25~35℃为发芽最佳温度。华北地区6~7月雨季为发芽高峰期。它生长速度快、数量大，每平方米可达数百至上千株，是黄河、长江流域及以南地区夏季危害玉米、大豆、棉花、花生、果树、蔬菜及路旁、公园的主要杂草，且是炭疽病、黑粉病及棉铃实夜蛾等的寄主。

5. 浮萍（类）

通常所说的浮萍包括浮萍科、槐叶苹科、满江红科杂草，这几科的杂草常混生。浮萍科杂草属于被子植物，槐叶苹科和满江红科杂草则属于蕨类植物，均为一年生。浮萍为浮萍科浮萍属，又称青萍；紫萍为浮萍科紫萍属，又称紫背浮萍、浮萍水萍草、田萍。浮萍类难以防除的主要原因是槐叶苹科和满江红科杂草进行孢子繁殖或营养繁殖，浮萍和紫萍以芽繁殖，这些杂草常混合发生，长势繁茂，形成密布水面的漂浮群体，集体成丛，遮蔽水面，造成水中缺光、缺氧、低温，影响作物正常生长发育。

6. 铁苋菜

别名血见愁、海蚌念珠、叶里藏珠。为大戟科铁苋菜植物形态。一年生草本，高30~60cm，背柔毛、茎直立、多分枝、叶互生，椭圆状披针形，长2.5~8cm，宽1.5~3.5cm，顶端渐尖，基部楔形，两面有疏毛或无毛，叶脉基部3出；叶柄长，花序腋生，有叶状肾形苞片1~3，不分裂，合对如蚌；通常雄花序极短，着生在雌花序上

部，雄花萼4裂，雄蕊8；雌花序生于苞片内。蒴果钝三棱形，淡褐色，有毛。种子黑色。花期5～7月，果期7～11月。生于山坡、沟边、路旁、田野。分布几乎遍于全国，长江流域尤其多。

7. 喜旱莲子草

又称革命草、水花生、空心莲子草，苋科莲子草属。多年生或一年生草本杂草。南方温暖地区，主要以茎叶越冬，茎芽无性繁殖为主。北方冬季低温，茎叶不易越冬，须在背风向阳处或以种子越冬。花果期夏秋为主。原产巴西，引种于我国北京、江苏、浙江、江西、湖南、四川、广东等地作饲料植物，后成为野生，且难以防除。现南方各地都有，主要危害水稻、蔬菜、棉花、果园及琥珀，繁殖能力强，成为水田、水域及湿润地区旱地作物中难治的杂草。

8. 通灵草

通灵草属于玄参科，又称花花草。在稻茬免耕小麦和水稻茬免耕油菜田中，长期单一施用百草枯，导致对田中通灵草几乎无效。

9. 荸荠

荸荠为莎草科，又称野荸荠、野慈姑。有匍匐细长的根状茎和球茎，营养繁殖发达。无叶，秆丛生，直立，茎叶处理时杂草植株不易受药。

10. 游草（类）

游草（类）包括稻李氏禾，又称壳草；李氏禾，又称假稻。两者均为禾本科。稻李氏禾为多年生草木，具地下横走根茎和匍匐茎。秆细弱，下部俯卧，节上生根，形成有叶的匍匐茎，可长达数米；上部直立，高90～390cm，叶细长，边缘有小锐赤，能割伤手。稻李氏禾繁殖能力较强，每株可生8～14个蘖，每穗可结150～250粒种子。常生于较湿润大稻田边或侵入稻田中危害。

6.3　木薯园恶性杂草

木薯（*Manihot esculenta* Crantz），是大戟科木薯属植物，耐旱抗贫瘠，广泛种植于非洲、美洲和亚洲等100余个国家或地区，是三大薯类作物之一，热区第三大粮食作物，全球第六大粮食作物，被称为"淀粉之王"，是世界近六亿人的口粮。另外，木薯具有粗生易长、容易栽培、高产和四季可收获等优良特性。

木薯原产巴西，现全世界热带地区广泛栽培。中国福建、台湾、广东、海南、广西、贵州及云南等省（自治区）有栽培，偶有逸为野生（原为人工引进栽培，逐渐在野外自然繁殖），现以广东和广西的栽培面积最大。

木薯一般需要在无霜期8个月左右、年平均温度18℃及以上，排水较好的平地或缓坡砂壤的地种植，因各地的气候、土壤等条件不一样，全国的木薯园恶性杂草呈现种类多样的特点，例如，云南主要杂草为香附子、打碗花、赛葵、鸭跖草、龙葵、猩猩草等。杂草的生长在木薯的幼苗期会影响木薯生长，除与木薯争水肥争光外，杂草茎秆还会缠绕木薯茎秆，导致木薯死亡（如打碗花），故要结合各地的实际情况，做好木薯园的萌前除草、幼苗期除草及中耕除草等工作，以防止恶性杂草造成木薯产量降低的情况。

海南主要恶性杂草有香附子、假臭草、三叶鬼针草、牛筋草等；广西主要恶性杂草有阔叶丰花草、马唐、香附子藿香蓟；广东主要恶性杂草有阔叶丰花草、假臭草、藿香蓟和马唐；云南有马唐、牛筋草、苣荬菜；贵州有三叶鬼针草、白芽、小蓬草、革命菜等。

第7章
杂草危害

7.1 影响作物产量与品质

农田杂草经过了长期的自然选择，所以比农作物的适应性要强得多，因此它与农作物进行种间竞争时就占优势，从而可强烈抑制农作物生长。农田杂草具有这种优势的一个重要原因，是它们夺取基本生活条件——水分、养分、日光的能力，远较农作物更强。在同一地块中，任何一种杂草或群体，在数量上都有可能远远超过农作物。农田杂草这种在数量上的优势，是它们在种间竞争中得以战胜农作物的基础。在耕地中，多种多样的农田杂草，各自有选择地从土壤中夺走大量养料，从而使土壤瘠薄，肥力降低。农田杂草不仅夺走养料，耗损地力，还遮光和挡风，造成田间通风透光不良，抑制农作物生长。在草荒地块，粮食产量往往随着草荒程度的增加而降低，严重时可造成绝产。农田杂草不仅造成粮食减产，同时还使粮食品质恶化。在收获农作物时，杂草的绿色植株大量混入收获物中，造成粮食霉烂变质。

木薯地管理相对粗放，给杂草发生留有较大空间，尤其木薯种植前或苗期前期未及时进行杂草防控，杂草丛生，严重影响木薯的生长，甚至减产可达100%（图7-1）。

图7-1　杂草严重影响木薯生长

7.2 传播病虫害

杂草是多种病虫害的中间媒介和宿主，可诱发某些病虫害迅速发生和蔓延，这就使农作物的合理轮作，失去防除病虫害应有的作用。在作物栽培中，以农田杂草为中间寄主，引起某些害虫暴发的事例就更为普遍。例如，黏虫的大量发生，就与杂草有着密切的关系。它们常先以杂草为食，然后迁移到作物上危害，或在田间虽将其消灭，但又从田旁隙地的杂草上迁入，继续危害农作物。各种有害蚜虫类，大多数在杂草上栖息越冬，作物出苗后，再转到作物上危害。木薯上常发生害螺旋粉虱有多种寄主，其中也会以发生的杂草如喜旱莲子草为寄主。螺旋粉虱也常以木薯地杂草为寄主，同时影响木薯，还会分泌斑蝥素对人类健康构成威胁（图7-2）。由此可见，彻底消灭农田杂草，也是防除病虫害的一项重要措施。

图7-2　木薯地杂草上的害虫

7.3　增加管理和生产成本

在作物栽培管理中,除草作业用工最大,消耗也最多,是增加生产成本的一个重要方面。在播种前,为彻底清除作物种子中的草籽,就要增加选种消耗,一般草籽越多,选种费用也就越高。在草荒较重的地块,整个耕层土壤都被杂草种子污染和充塞,即使清除了作物种子中的草籽,也必须精细地中耕除草。玉米、高粱、大豆、谷子等各种中耕作物,必须投放很多的人力和物力,进行多次中耕除草和土壤管理,精耕细作才能战胜草荒,保证获得较高的产量。因此,彻底消灭农田杂草,也是降低成本、增加收入的一项重要措施。木薯地杂草是种植户管理的重点之一,普遍采用播后苗前喷施乙草胺抑草,但乙草胺仅对禾本科杂草有效,对阔叶和莎草科杂草无效,生长期尚需使用选择性除草剂或采用人工方法除草,费工费时,增加了成本。

7.4　直接危害人畜安全

在农田杂草中,还有一些属于有毒有害的。这些有毒有害的杂草,植株的全部或某部分有毒,或产生不良气味,将给人和家畜带来较大危害。例如,混生在麦田中的毒麦,其种子大部分混入麦谷中,形状和大小又与小麦甚为相似,很难清除。人吃了混有4%毒麦的面粉,先是头痛、昏迷,然后腹泻,严重时可致死。家畜取食混有毒麦的燕麦、大麦或麦麸等,也同样引起中毒和死亡。有毒有害的杂草,也常大量混生在蔬菜中,不仅使蔬菜口味变劣,误食时也能引起中毒。夏至草(*Lagopsis supina*)、益母草等唇形科杂草,大都带有强烈的臭味,混入蔬菜中就难以食用。遏兰菜、小根蒜等含有特殊成分的杂草,常大量混生在早春牧草中,用混有这种杂草的牧草饲喂乳用畜时,就会使乳中带有强烈的大蒜气味,降低食用价值。尚有一些特殊类型的杂草,如苍耳、龙牙草(*Agrimonia pilosa*)、三叶鬼针草等,其果实带有刺毛或钩刺,极易黏附在绵羊身上。绵羊在长有这种杂草的荒地或草地放牧时,皮毛里就会裹着大量的杂草果实,大大降低羊毛的品质,或反复加工造成损失。

第8章 杂草防控技术

8.1 化 学 除 草

化学防治（chemical control）是一种应用化学药物（除草剂）有效治理杂草的快捷方法。它作为现代化的除草手段在杂草的治理中发挥了巨大的作用。早在19世纪末期，在欧洲防治葡萄霜霉病时，就发现波尔多液能防治麦田一些十字花科杂草而不伤害作物，这就开始了人类化学除草的历史。1932年，选择性除草剂二硝酚与地乐酚的发现，使除草剂进入有机化合物阶段；1942年，2,4-D及随后的二甲四氯与2,4,5-D的发现，开辟了杂草化学防治的新纪元。20世纪50年代后期开发成功了均三氮苯类除草剂，60年代又生产出酰胺类除草剂（敌稗），使除草剂的研究开发进入了更为广泛的领域。其主要标志是有机除草剂的开发，使用药量降低，药效提高，选择性增强。70年代以来，随着有机合成工业的迅速发展，生物化学与植物生理学研究的进展，生物测定技术的进步和计算机的应用，显著促进了除草剂品种的筛选与开发，广谱、高效、选择性强、安全性高的除草剂不断出现。经过50多年来的探索和实践，全世界已有400多种除草剂投入生产和应用。除草剂逐步成为农药工业的主体，其年产量、销售量及使用面积均跃居农药之首。近年来，一些生物毒性较强、残留期较长、用量较大，以及可能致癌的有机氯农药、禁用药物，如动物食品中不得检出五氯酚钠（对鱼类等毒性大）、除草醚和2,4,5-T（怀疑有致癌作用）等。

木薯田杂草化学防治方法主要有整地前、土壤封闭（播后苗前）和苗后茎叶处理。整地前木薯地有多种杂草，且长势旺盛。该时期选用输导型灭生性除草剂草甘膦异丙胺盐（或铵盐、钾盐、钠盐）进行杂草全面茎叶喷雾，使杂草吸收药剂，不仅可以杀灭地上部分，还可以杀根，减少种植期杂草基数。木薯地播后苗前常用药剂有50%乙草胺EC 250～350倍液喷雾（精异丙甲草胺、丁草胺等）加低浓度莠去津；若播后苗前木薯地已有部分杂草，可加草铵膦一并土壤封闭，草铵膦可杀灭已经出土的杂草。

木薯田苗期化学防治需根据主要杂草种类或优势杂草种群选择除草剂。若以禾本科杂草如牛筋草、马唐等为主，可选择12.5%盖草能EC 900～1200倍液（或烯草酮、精喹禾灵、精噁唑禾草灵等）喷雾防除，几种药剂在推荐剂量下对木薯比较安全；对阔叶杂草发生严重的田块，可在杂草3～5叶期用40%灭草松AS 400～500倍液（或莠去津、氯吡嘧磺隆）进行喷雾处理，但需避开木薯叶片；对莎草科如香附子为主的地块，可在杂草2～4叶期使用75%氯吡嘧磺隆WDG 45～60g/hm^2（或氟磺胺草醚、莎稗磷、嘧啶肟草醚、五氟磺草胺等）；单、双子叶等多种杂草混合发生的田块，在杂草2～5叶期，用盖草能与氯吡嘧磺隆混剂，或者莠去津、灭草松与盖草能混剂，或者用二甲四氯、莠灭净与敌草隆混剂喷雾处理，也可以选择用灭生性除草剂41%草甘膦异丙胺盐AS、20%草铵膦AS进行行间喷雾，但喷雾时务必避免碰到木薯幼苗，以免产生药害。

土壤封闭剂是传统的木薯田除草药剂，也是种植户普遍采用的化学除草方法，其优点是对作物安全性高，对使用过程中的附加要求少，使用成本低，技术要求较低。缺点是使用时间短，要求木薯播后苗前使用，木薯种茎播种后雨水充分或者有浇水条件几天就会出苗，若杂草生长较快，杂草出土后防效下降；对土壤墒情要求高，土壤墒情好或下雨后施药，药效发挥好，干旱条件下或者沙土地效果往往受较大影响；对田间日趋严重的恶性杂草如香附子、田旋花等无效或效果差，导致田间杂草群落发生变化，整体防效降低；长期使用苗前封闭除草剂使杂草抗性增强，有些杂草在常规剂量下防效下降或不佳，高抗性杂草群落已开始出现；对大草效果差，杂草生长旺盛防效差等，发现封闭不好时，杂草已长大，错过最佳防治时期，对田间遗留的大草基本无效。苗后茎叶处理剂的优点是能够实现见草施药，有针对性地施药，可根据田间杂草状况采用相应的除草剂及除草方法；使用时期长；对天气土壤墒情要求相对较低，见草施药，不必等雨，干旱条件下仍能较好地发挥药效；杂草茎叶处理，能有效防治田间恶性杂草；对较大的杂草也有效，但要适当增加药量。缺点是施药技术要求高，安全性差尤其在阔叶型和莎草科杂草为主的木薯田施药，切勿喷到木薯叶片，否则会出现药害；使用时必须严格把握使用时期及使用技术，否则易出现药害（图8-1）。

图8-1 播后苗前化学药剂土壤处理效果
左为土壤处理；右为空白

8.2 物 理 除 草

物理除草是指利用物理的方法（如火焰、高温、电力、辐射等手段）杀灭、控制杂草的方法。物理除草包括火力除草、电力和微波除草、薄膜覆盖抑草等治草方式。

8.2.1 火力除草

火力除草是利用火焰或火烧产生的高温使杂草被灼伤致死的一种除草方法。在撂荒耕作地、矿山、铁路的空旷地带、草原和林地更新中，往往用放火烧荒或用火焰喷射器发射火焰的办法清除地表杂草，以利于耕作、种植或其他生产、经济活动。例如，日本研制的火焰除草器，以煤油为燃料，气化燃烧所产生的火焰和热量，进行选择性或非选择性的除草。可用于防治铁路或公路两旁、沟岸、废弃地的杂草，以及根据作物与杂草空间位置的不同，用于玉米、棉花植株杂草的防治。火烧过程中产生的高温蒸气也可杀灭土层中的杂草种子及当年生和多年生杂草的营养体，有效降低生长季节中杂草对作物的竞争性。在麦茬秋熟作物播种前放火烧根灭茬，亦能烧死已出土的杂草及土表部分杂草种子。但是，无论哪种火力除草方法都消耗了大量的有机物，不利于提高土壤肥力、改善土壤结构，也不符合持续高效农业的要求。此外，烧荒产生的强烈热浪，可使田边种植的其他植物受伤，甚至枯死，抑或引发火灾等，因此，火力除草只能在特定情况下使用。

8.2.2 电力和微波除草

电力和微波除草是通过瞬时高压（或强电流）及微波辐射等破坏杂草组织、细胞结构而杀灭杂草的方法。由于不同植物体（杂草或作物）中器官、组织、细胞分化和结构的差异，植物体对电流或微波辐射的敏感性和自身组织恢复能力的强弱不同。高压电流或微波辐射在一定的强度下，能极大地伤害某些植物，而对其他植物安全。美国已成功地研制和开发出了一种电子装置（系统），通过拖拉机牵引的安全装置控制电能的输出（电功率为50kW）。该放电系统的一端接于犁刀与土壤接触，另一端则通过操作器与高于作物的杂草接触，当系统放电后，杂草茎叶的细胞、组织被灼伤，数日内干枯死亡。据试验，用于防治棉田和甜菜田阔叶杂草，防效可达97%～99%。当然，还可用于果园和非耕地除草。但是，电力除草主要利用杂草和作物的位差，因而，只适于矮秆作物中高于作物的杂草植株，而不能达到治理全部田间杂草的目的。其次，电力除草器结构复杂，价格昂贵，输出功率大，费电耗能源，对操作者素质和安全操作的要求较高，应用中存在一定的难度。目前只在甜菜、大豆、棉花等少数作物上应用成功，尚未能在生产上得到广泛推广和应用。微波除草则是利用电磁辐射使植物体内分子振动生热，使其遭受损伤或死亡，达到除草的目的。据测定，波长为12cm的微波辐射，在很短时间内即可穿透并加热土壤，土深可达10～12cm。所用输出功率为6kW微波对不同种植物的种子发芽率影响不同。杂草幼苗对微波的反应比种子更为敏感，种子不同吸水状态的反应亦有差异。例如，对土壤表面的白芥（*Sinapis alba*）种子，未吸水种子的致死能量为1.55kJ/cm^2，吸水和发芽种子的致死能量为1.2kJ/cm^2，而对幼苗的致死能量仅为0.2kJ/cm^2。微波首先适用于处理堆肥、厩肥、园艺土壤、试验用土壤等，以杀死其中的杂草种子等生物因子。

8.2.3　薄膜覆盖抑草

地膜化栽培已广泛应用于棉花、玉米、大豆和蔬菜。常规无色薄膜覆盖主要是保湿、增温，能部分抑制杂草的生长发育。近年来，生产上采用有色薄膜覆盖，不仅能有效抑制刚出土的杂草幼苗生长，而且通过有色膜的遮光能极大地削弱已有一定生长年龄的杂草的光合作用。在薄膜覆盖条件下，高温、高湿，杂草又是弱苗，能有效地控抑或杀灭杂草。

药膜（含除草剂，如乙草胺、甲草胺、都尔、地乐胺等）或双降解药（色）膜的推广应用，对农作物的早生快发和杂草的有效治理发挥着越来越大的作用。据试验，乙草胺、甲草胺、都尔、地乐胺等多种药膜均有良好的除草效果。持效期多数可达60～70天，其中以乙草胺药膜的持效期较短，约5天，但其对阔叶杂草的防除效果好于都尔，且对棉花等作物的幼苗安全，尤其是对出苗率无明显影响。为了保证药效，防止药害，使用除草剂药膜时墒情要好，必须做到：①地面要整平，使地膜与地面充分接触；②保证播种时药膜破洞要小，注意用土封口；③尽量减少作物幼苗与除草药膜直接接触，以防药害。

木薯地常用的物理除草技术主要是薄膜抑草，主要包括不可降解薄膜、可降解薄膜和生态防草布，颜色主要有白色和黑色。其中因不可降解薄膜成本低，应用比较广泛，但对环境污染严重；可降解地膜环保，农业政策支持，但成本高，有效期较短，市场购买没有可降解地膜容易；生态防草布是近几年使用比较多的抑草措施，优点是透气性好，防草效果较好，但成本相对较高（图8-2）。

图8-2　生态防草布的抑草效果

未做任何其他抑草处理

8.3 生物除草

生物防治（biological control）就是利用不利于杂草生长的生物天敌，像某些昆虫、病原真菌、细菌、病毒、线虫、食草动物或其他高等植物来控制杂草的发生、生长蔓延和危害的防除方法。生物防治杂草的目的是通过干扰或破坏杂草的生长发育、形态建成、繁殖与传播，使杂草的种群数量和分布控制在经济阈值允许或人类的生产、经营活动不受其太大影响的水平之下。与化学除草相比，生物防治具有不污染环境、不产生药害、经济效益高等优点，比农业防治、物理防治要简便。生物除草主要包括以虫治草、以菌治草、以草治草、以动物治草和选用生物除草剂。

木薯田生物除草应用较多的是以草治草，通过间作花生、菊科植物、柱花草、崖州扁豆等，一方面可以压制杂草的发生和生长，另一方面可以提高经济效益或改善土壤肥力和品质。

8.4 综合防治

以上介绍了多种杂草防治的方法。事实上，任何一种方法（或措施）都不可能完全有效地防治杂草。只有坚持"预防为主，综合治理"的生态防治方针才能真正积极、安全、有效地控制杂草，保障农业生产和人类经济活动顺利进行。

杂草的综合防治（integrated management of weed）是在对杂草的生物学、种群生态学、杂草发生与危害规律、杂草-作物生态系统、环境与生物因子间相互作用关系等全面、充分认识的基础上，因地制宜地运用物理的、化学的、生物的、生态学的手段和方法，有机地组合成防治综合体系，将危害性杂草有效地控制在生态经济阈值之下，保障农业生产，促进经济繁荣。杂草的综合治理是一个草害的管理系统，它允许杂草在一定的密度和生物量之下生长，并不是铲草除根。在该系统中，各种防治措施是协调使用、合理安排，有目的、有步骤地对系统进行调节、削弱杂草群体、增强作物群体，充分发挥各措施的优势，形成一个以作物为中心，以生态治草为基础，以人为直接干预为辅，多项措施相互配合和补充且与持续农业相适应相统一的高效、低耗的杂草防除体系，把杂草防除提高到一个崭新的水平。

建立杂草综合治理体系必须做好以下工作。

1）调查主要农田杂草的分布、发生和种类与动态规律，明确优势种、恶性杂草的生物学、生态学特性，杂草的危害程度和治理的经济阈值。

2）摸清本地区传统的防治习惯、措施，现行杂草防治的技术、经济条件，以及进一步提高杂草综合防治水平的条件。

3）在确定主要农作物高产、优质、低耗的持续农业种植制度和栽培技术体系的基础上，找出有利于控制杂草的措施环节加以强化，并与杂草防除体系相衔接。

4）做好各项防治措施的可行性分析和综合效益评估，制定适合本地区技术、经济、自然条件和生产者文化习俗的杂草综合治理体系，并在实践中检验，逐步优化和完善。

在杂草综合防治的过程中，应确立几项基本原则。

1）在作物生长前期，将杂草有效治理好，在作物-杂草系统中，明确杂草竞争的临界持续期和最低允许杂草密度或生物量。

2）创造一个不利于杂草发生和生长的农田生态环境。此外，任何栽培措施的失策都会导致杂草危害的猖獗。例如，直播稻田过早播种和不良的前期水肥管理技术将利于杂草取得竞争优势、防治工作难度增加或处于被动。因此，必须明确栽培措施是否与杂草防除相协调，是否与高产栽培相适应。

3）积极开展化学除草。化学除草是综合防治措施中的重要环节，可以为作物的前期生长排除杂草的干扰和威胁，促进作物早发，早建群体优势，抑制中、后期杂草的生长和危害。应当指出，杂草的综合治理包括对象的综合、措施的综合和安排上的综合。不同的防治对象杂草在不同的时期、不同的作物田间和不同的耕作、栽培措施影响下，其生物学、生态学特性不同；不同的防治措施在不同的作物和作物生长的不同时期的作用和效果不同；不同的地区、不同的经济水平、不同的除草习惯，对杂草综合治理的认同程度、协调应用效果，以及产生的社会、经济效益亦不同。

制定杂草综合防治体系必须明确防治的近期目标和远期目标，充分利用农田生态系统的自组织功能，充分发挥系统内外各因子间的相互促进、相互制衡作用，解决好作物-杂草-环境间协调、平衡和发展的关系。

杂草综合防治的近期目标是改进现行生产方式，建立适合于生态治草的耕作制度和栽培技术。科学地使用除草剂，包括合理搭配使用除草剂品种、不同作用机理的除草剂复配、改进除草剂剂型和使用技术；充分认识杂草的生物学和生态学特性，明确治理优势杂草或恶性杂草的经济阈值，协调有关防治措施与田管措施间的关系，防止杂草的传播和侵染，将草害控制在所能承受的水平之下。

杂草综合治理的远期目标是弄清作物-杂草系统的自组织作用，研究杂草对除草剂的抗（耐）性，开发新的除草剂品种，发展新的除草技术，开展生物工程育种研究和应用，开展杂草发生和危害的预测预报，开展计算机和卫星定位系统对草害管理的研究和应用，因地制宜地建立本地区最佳综合防治模式。

农田杂草防除的关键在于增强作物群体生长势，减少杂草的发生量，削弱杂草群体的生长势。

8.4.1　增强作物群体生长势

增强作物群体生长势，主要措施如下。

1）采用适时栽培或种植作物、苗床覆盖、土壤翻耕等防治或延缓杂草生育进程的防治措施。诱杀除草可以适当降低生长季节内有效杂草的基数，育苗移栽和适期播种能使作物早建覆盖层。当杂草大量萌发时，作物已形成较好的群体优势，大大增强了与杂草竞争的能力，同时也为诱杀杂草提供了农时上的保证。

2）增加覆盖强度。①合理密植；②选择生长快、群体遮阳能力强的作物品种，如高秆作物、豆科作物等，以尽快形成群体优势；③合理施用肥水、防治病虫害、加强田管、促进作物生长。

8.4.2　减少萌发层杂草繁殖器官有效储量

减少萌发层杂草繁殖器官有效储量，主要有以下措施。

（1）截流断源

1）加强植物检疫。防止外源性恶性杂草或其籽实随作物种子、苗木引进或调运传播扩散、侵染当地农田。

2）精选种子。汰除作物种子中混杂的杂草种子。

3）清理水源。严防田边、路埂、沟渠或隙地上的杂草籽实再侵染。

4）以草抑草。在农田生态系统大环境内的沟边、路边、田边等处种植匍匐性多年生植物，如三叶草、小冠花、苜蓿等，以抑制杂草。

5）腐熟有机肥。通过堆肥化处理，产生高温或缺氧环境，杀死绝大部分杂草种子。

（2）诱杀杂草

1）提早整地。诱使土表草籽萌发，播种前耕耙杀除或化除。

2）水分管理。水稻播种前上水整地，诱发湿生杂草萌发，播种或插秧前集中杀除；稻茬麦于水稻收获前提早排水，使麦田湿生杂草于秋播前萌发并杀除。

3）生长调节剂。在杂草生长后期喷施生长调节剂，防止种子休眠，刺激发芽，使其自然死亡或便于药剂杀除。

4）无色薄膜覆盖。增加土温，使杂草集中迅速出苗，可通过窒息、高温杀死，也便于使用除草剂一次杀灭。

5）中耕。打破杂草种子休眠，促进萌发，破坏或切断多年生杂草繁殖体，抑制杂草生长。

（3）轮作品合理轮作

轮作品合理轮作可创造一个适宜作物生长而不利于杂草生存延续的生境，削弱杂草群体生长势，增强作物群体竞争能力。

1）水旱轮作：通过土壤水分急剧变化，使杂草种子丧失活力。

2）密播宽行作物轮作：此措施以利于中耕除草、改变生境条件、减少杂草发生和繁殖。

3）与绿肥轮作：绿肥群体茂密可抑制杂草萌发和生长；及时翻压绿肥，可切断杂草种子繁殖环节。

4）禾本科作物与阔叶作物轮作：可轮用不同选择性除草剂，全面减少杂草发生和种子繁殖。

（4）深翻

合理深翻能减少萌发层杂草繁殖器官有效储量，增加杂草出苗深度，延缓杂草出苗期，削弱杂草群体生长势，利于作物生长。

1）间隙耕翻。将集中在土表层的杂草种子翻入深土层（20~25cm），3~5年后可大部分丧失活力，再翻上来，有效杂草种子大大减少。

2）适期深翻。在杂草种子成熟前翻压。

3）秋冬季耕翻。将多年生杂草地下根茎和草籽翻到土表，以利干、冻或鸟类和大动物取食，使其丧失活力。可减少土壤种子库有效储量。

8.4.3 减少杂草群体密度

减少萌发层杂草繁殖器官有效储量则杂草密度下降。郁闭的作物群体通过系统的自组织作用也能减少杂草发生。

1）覆盖治草，覆盖通过遮光或窒息环境减少杂草萌发，并抑制其生长，能延长杂草种子解除休眠的时间，推迟杂草发生期，从而削弱杂草群体生长势。覆盖的方式包括作物群体自身覆盖、替代植物覆盖（这两种形式还兼有与杂草的竞争效应，属于系统自组织作用）、有色薄膜、纸（用于苗床或秧田）覆盖、基本不含有活力草籽的有机肥覆盖，以及开沟压泥、河泥、蒙头土覆盖、水层覆盖等。

2）以草抑草，作物田间种、套作或轮作三叶草、苜蓿、蚕豆等，通过系统的自组织作用抑制杂草。

3）人工除草，包括中耕锄草、割草和拔大草等。

4）机械除草，包括机械中耕除草、耙、耱、精、深松、旋耕等形式。

5）化学除草，包括播前施药、播后芽前施药、茎叶喷雾等定向喷雾和涂抹法施药等。

6）生物防治，属于生态系统的自组织作用，包括以虫治草、以菌治草、与大动物治草、稻田养鱼治草和植物治草等。

7）物理除草，包括火烧、电击和微波除草等。

在制定切实可行的防治体系时，尚需因地制宜，并与当地的栽培体系相衔接。制定可行的防治体系需对各项防治措施进行调查、试验、示范和论证筛选，采用除草效果好、效益高的关键措施。同时，还应注意措施的简化和灵活掌握。

参 考 文 献

程传鹏, 崔佰慧, 汤雷雷, 等. 2013. 长期不同施肥模式对杂草群落及早稻产量的影响. 生态学杂志, 32(11): 2944-2952.

段小贺, 韩建国, 巴金磊, 等. 2019. 玉米田化学除草现状及发展趋势. 园艺与种苗, 39(8): 54-56.

冯伟, 潘根兴, 强胜, 等. 2006. 长期不同施肥方式对稻油轮作田土壤杂草种子库多样性的影响. 生物多样性, 14(6): 461-469.

古巧珍, 杨学云, 孙本华, 等. 2007. 不同施肥条件下黄土麦地杂草生物多样性. 应用生态学报, 18(5): 1040-1044.

郭成林, 马跃峰, 覃建林, 等. 2010. 广西木薯地杂草调查及防除对策. 广西农业科学, 41(10): 1073-1075.

郭成林, 覃建林, 马永林, 等. 2015. 8种除草剂对木薯地杂草的防除效果及其安全性. 农药, 54(5): 387-390.

虎锋, 李召虎, 武菊英. 2003. 农田杂草种子库及其动态研究进展. 杂草科学, 21(4): 1-3.

黄山春, 覃伟权, 李朝绪, 等. 2007. 我国南方地区主要外来入侵杂草及其防除. 现代农业科技, 19: 86-87, 90.

蒋敏, 沈明星, 沈新平, 等. 2014. 长期不同施肥方式对麦田杂草群落的影响. 生态学报, 34(7): 1746-1756.

李俊凯, 朱建强, 程玲, 等. 2002. 油菜田杂草发生特点与田间土壤水分的关系研究. 华中农业大学学报, 21(3): 217-220.

李儒海, 强胜, 邱多生, 等. 2008. 长期不同施肥方式对稻油两熟制油菜田杂草群落多样性的影响. 生物多样性, 16(2): 118-125.

李亚男, 刘国道, 罗丽娟. 2010. 不同生境条件下的狗牙根形态变异研究. 热带作物学报, 31(9): 1502-1508.

林文雄, 何华勤, 郭玉春, 等. 2001. 水稻化感作用及其生理生化特性的研究. 应用生态学报, 12(6): 871-875.

娄群峰, 张敦阳, 黄建中, 等. 2000. 氮肥用量对三种杂草与油菜间竞争关系的影响. 南京农业大学学报, 23(1): 23-26.

卢行尚. 2008. 10%甲嘧磺隆可溶性粉剂芽前防除木薯田间杂草试验. 广西植保, 21(2): 10-12.

马永清, 刘德立, Lovett J V. 1991. 杂草间的他感作用及其在杂草生防中的应用. 生态学杂志, 10(5): 46-49.

强胜. 2010. 杂草学. 2版. 北京: 中国农业出版社.

唐洪元, 王学鹗, 胡亚琴. 1988. 杂草种子寿命的研究. 植物生态学与地植物学学报, (1): 72-78.

田欣欣, 薄存瑶, 李丽, 等. 2011. 耕作措施对冬小麦田杂草生物多样性及产量的影响. 生态学报, 31(10): 2768-2775.

万开元, 潘俊峰, 李儒海, 等. 2010. 长期施肥对旱地土壤杂草种子库生物多样性影响的研究. 生态环境学报, 19(4): 836-842.

肖文一, 陈铁保. 1982. 农田杂草及防除. 北京: 农业出版社.

张格成, 李继祥, 陈秀华. 1993. 空心莲子草主要生物学特性研究. 杂草科学, 11(2): 10-12.

张泽溥. 2004. 我国农田杂草治理技术的发展. 植物保护, 30(2): 28-33.

赵玉信, 杨惠敏. 2015. 作物格局、土壤耕作和水肥管理对农田杂草发生的影响及其调控机制. 草业学报, 24(8): 199-210.

郑景瑶, 岳中辉, 田宇, 等. 2014. 问荆水浸液对小麦种子萌发及幼苗生长的化感效应初探. 草业学报, 23(3): 191-196.

周小军, 何晓婵, 朱丽燕, 等. 2020. 金衢地区稻田杂草发生及群落演替规律. 中国稻米, 26(3): 101-105.

朱文达, 何燕红, 杨峻, 等. 2008. 杂草防除对油菜田间透光率、养分和水分的影响. 植物保护学报, 35(6): 557-562.

朱文达, 涂书新, 魏福香. 1998. 施肥对麦田杂草发生、生长及危害的影响. 植物保护学报, 25(4): 364-368.

Andersson T N, Milberg P. 1998. Weed flora and the relative importance of site, crop, crop rotation, and nitrogen. Weed Science, 46(1): 30-38.

Baziramakenga R, Leroux G D, Simard R R. 1995. Effects of benzoic and cinnamic acids on membrane permeability of soybean roots. Journal of Chemical Ecology, 21(9): 1271-1285.

Bigwood D W, Inouye D W. 1988. Spatial pattern analysis of seed banks: an improved method and optimized sampling. Ecology, 69(2): 497-507.

Blackshaw R E, Molnar L J, Larney F J. 2005. Fertilizer, manure and compost effects on weed growth and competition with winter wheat in western Canada. Crop Protection, 24(11): 971-980.

Buhler D D, Stoltenberg D E, Becker R L, et al. 1994. Perennial weed populations after 14 years of variable tillage and cropping practices. Weed Science, 42(2): 205-209.

Cardina J, Herms C P, Doohan D J. 2002. Crop rotation and tillage system effects on weed seedbanks. Weed Science, 50(4): 448-460.

Cavers P B. 1983. Seed demography. Canadian Journal of Botany, 61: 3578-3590.

Hartzler R G. 1996. Velvetleaf(*Abutilon theophrasti*)population dynamics following a single year's seed rain. Weed Technol, 10(3): 581-586.

Inderjit. 2006. Experimental complexities in evaluating the allelopathic activities in laboratory bioassays: a case study. Soil Biology and Biochemistry, 38: 256-262.

Keeley J E. 1977. Seed production, seed populations in soil, and seedling production after fire for two congeneric pairs of sprouting and nonsprouting chaparral shrubs. Ecology, 58(4): 820-829.

Lamont B B, Pausas J G. 2023. Seed dormancy revisited:dormancy-release paway and environmental interactions. Functional Ecology, 37(4):1106-1125.

Lemerle D, Verbeek B, Coombes N. 1995. Losses in grain yield of winter crops from *Lolium rigidum* competition depend on crop species, cultivar and season. Weed Research, 35(6): 503-509.

Macchia M, Cozzani A, Bonari E. 1996. Effects of soil tillage on weed seed bank structure and dynamics in a biennial winter wheat (*Triticum aestivum* L.)-soyabean (*Glycine max* (L.)Merr.)rotation. Aspects of Applied Biology, 30(2): 136-141.

Van der Valk A G, Davis C B. 1978. The role of seed banks in the vegetation dynamics of prairie glacial marshes. Ecology, 59(2): 322-335.

Weaver S E, Tan C S, Brain P. 1988. Effect of temperature and soil moisture on time of emergence of tomatoes and four weed species. Canadian Journal of Plant Science, 68(3): 877-886.

Yin L C, Cai Z C, Zhong W H. 2006. Changes in weed community diversity of maize crops due to long-term fertilization. Crop Protection, 25: 910-914.